室內觀葉植物栽培日誌

IG園藝之王的綠植新手指南

The New Plant Parent

**Develop Your Green Thumb
and Care for Your House-Plant Family**

鄭德浩 @House Plant Journal 創作者

Darryl Cheng

Creator of House Plant Journal

Abrams Image, New York

室內觀葉植人推薦

初拿到這本書預讀時，就深深被這書的內容所吸引，深入研讀後，真心地愛上這本書

我一直都從事植栽手作教學的課程，同學們總是會有滿滿的疑問，尤其在現在年輕人愛植物的風氣大爆發的時代，各式各樣不同姿態和屬性的植物，鹿角蕨、龜背芋、觀葉植物等等，開始被大眾們所喜歡、注意，但種植上的疑問也開始增加，本書不只有植物的照顧方式，更有著其他書中較少提到的，種植植物的心態，還有保養修剪的細項，這些不僅對於種植新手幫助盛大，入坑已久的朋友也可以用來檢視自己的方式是否需要調整

我會將本書珍藏在自己的愛書行列中，也分享推薦給喜歡植物的您喔！

──苔哥／微境品主理人

本書的原文版是幾年前我們剛開始踏入植栽世界時，第一本入手的植物書，我記得才看十幾頁之後就大為驚艷，心想：「天哪，這人一定是有工程背景！」因為他不只是告訴你固定的種植法，而是從非常淺顯易懂（但很重要）的理論概念切入，釐清概念後，一步步教你打造出一個「適合你家植物」的環境，無論是新手或是種植一陣子的讀者都很適合一讀，真的非常推薦。

──我不許你死～Sean&LO新手植物日記

植物的有趣之處在於他們的動態表達。當我們對植物有一定程度的認識，明白哪些變化是可預期的，就不會對這些轉變感到措手不及，而能悠然地享受綠植帶來的生活樂趣。對於室內植物新手，這是一本能建立完整種植觀念的好書。作者像寫日記般長期記錄了植物在每個過程可能會經歷的樣貌，強調理解植物，讓我們在閱讀的過程中，也能建立起正確的養植心態。

──植木卡卡西

本書透過圖文並行，有條理地整理許多養育植物的必備知識，讓植物新手不再無所適從、跌跌撞撞。細細閱讀本書有了一個好的開始後，在家中建立自己熱愛的植物王國，也就指日可待了。

──農夫祥

本書介紹了不少種植物中非常實用的「心法」跟「觀念」，與我自己平常對於照護植物的心法也非常相似，裡頭濃縮了種植物會碰到的各種問題，以及市場上熱門室內植物的基本介紹，有了這些觀念後，懂得挑選適合自己的植物，並找到家中適合植物生長的環境，這樣照顧植物、讓居家空間充滿綠意，就不再是一件難事了。

──青青小樹

Contents

Part I
照顧植物

銅質花盆和鳥巢蕨的綠色調很相襯。

1. 園藝新手的正確心態

我在我的「室內植物日誌」（House Plant Journal）個人網誌的第一行標語就是：「我的室內植物日誌」。這個標語完全重複多餘，但我想強調，我記錄的是自己栽種室內植物的經驗，我很享受一路看著它們成長變化的過程。剛開始種室內植物的時候，我當然也參考了一些相關書籍，上網瀏覽栽種方法。我看了許多植物養護建議，越看卻越覺得不平衡，大家好像覺得室內植栽的樂趣就是好看而已，照顧起來卻是個苦差事，重點都放在辨認與解決問題，幾乎沒人提到室內常有植物能帶來的長期身心靈滿足。反之，各種植物養護的「技巧和妙方」則有一大堆。這容易讓人覺得某些植物超好照顧，不太用擔心環境條件的影響；要不然就是某些植物超級嬌貴，如果不在旁邊待命，每五分鐘用噴霧水細細潤澤一遍，它們就會枯萎而死。

植物養護建議大多是依照植物品種，個別列出照顧方法。讀起來像是烘焙食譜，只要按表操課絕不會出錯。同時，他們也不忘強調植物會出現的不完美，只不過要是你的植物不完美，就是你照顧不周，澆水太多或太少等等。這類建議給了我們一種期待：植物應該會永遠保持現狀，或越長越茂密完美，除非發生了什麼不科學的神祕事件。看到「這種植物很容易照顧」這樣的話，並不能讓人感到安心，反而會讓你一看到幾片葉子轉黃掉落，就更懷疑自己不夠盡責。

我覺得改變照顧植物的心態是必須的。我在記錄室內植物的照顧經驗時，重點是放在了解植物要活得好，什麼是最重要的環境因素。我沒有追求完美，只是想確保為植物提供最好的環境，讓植物也能盡其所能地自然生長。我把自己的工程師思維應用在這個嗜好上：花最少的力氣，讓植物得到最大的滿足。我寫這本書，主要是希望幫助大家了解自己的室內栽種條件，懂得如何觀察和接受自然即將發生的變化。有了正確的知識與期望，你就知道如何根據家中條件營造出最佳環境。最後，我還希望能幫助你擺脫陳舊的習慣與思維，不再讓它們阻礙你體驗真正的植栽之樂。

對頁圖：這株紅邊竹蕉的舊葉子，會隨著頂端枝條冒出新葉而自然掉落。每脫落一片舊葉子，主幹便添一條痕跡。所以說，我們只要知道植物的生長條件，其餘就順應自然——比較老的葉子就是會掉落。

簡單或困難──你的期望是什麼？

很多植物專家會說哪些植物適合新手，隨便都養得活。可是，某些植物究竟為什麼容易或不容易照顧呢？當然，所謂的難易度，大多取決於你願意花多少精力和耐心來照顧它們，但你對植物抱持什麼樣的期望，也同樣重要。

有些植物一疏忽照料，就再也救不活了。就拿枯萎這件事來說，像白鶴芋及鐵線蕨這類多葉植物，一旦土壤完全乾掉，就會嚴重枯萎。讓土壤恢復適度的溼潤，白鶴芋的枝葉可以再次挺立，恢復如初，但鐵線蕨則會一蹶不振。按照這個道理，我們可以說這些一不小心就死掉的植物很難照顧，而有些植物就是要比較細心照顧才能存活！別擔心，本書裡介紹的植物你都可以種得活，也比較容許你犯一些錯。

沒有太多時間和精力的話，有些植物可能不適合你。如果不喜歡照顧植物的過程，養一堆植物（尤其是大型植物）或許會令你筋疲力盡。只為了澆水，就得花一個小時把植物搬來搬去，你應該會覺得它們很難照顧。這本書會教你如何更聰明省事地安排植物澆水與照顧事宜。

如果你期待植物看起來永遠「漂亮」，一片葉子都不掉，那你會覺得沒有一種植物容易照顧。坦白說，這種期望完全不切實際，還是趕快習慣動手拿掉枯葉吧。老葉必須死去，才能平衡分配新葉成長所需的資源。無論你再怎麼努力，大部分的植物都會有一些缺陷，而且植物在適應你家裡的新環境後，絕對都會長得跟你剛買來的時候不一樣。若你知道這會發生，就能學會欣賞植物的生命力與特色。

當然啦，如果不懂得植物的需求，任何植物你都會覺得很難照顧。你給它的光照量只夠它生存，還是能讓它長得更茂密？土壤的溼度該怎麼評估？怎樣為植物澆水才適當？這本書接下來會幫助你成為有自信的綠手指──你會知道自己在做什麼！了解家中的生長條件與植物照顧方法後，你會發現許多室內植物的「問題」都是可預防的，而且不怎麼致命：問題是在「你」，而非「植物」。但若你能改變自己的期待，並接受自然即將發生的變化，植物就能帶給你多年的極大樂趣。

上圖：虎尾蘭算是「容易」照顧的植物，即使擺在離窗邊好幾呎遠的地方，葉片仍能多年保持寬厚。我們後面會講到，這代表它不需要經常澆水。

右圖：棕櫚葉變黃，而你試盡所有方法都無法阻止，這就代表它很難照顧嗎？如果你早就知道它會掉一些葉子呢？

認識適應期

　　我們買來的植物，大多是在專業環境下快速養成的，一般的居家室內環境不太可能重現那樣的條件。因此，新買來的室內植物必須經過適應期。植物原本的生長環境與你的居家環境相差越大，適應期的衝擊就越顯著。光線是影響植物適應最重要的因素，在水分與空氣流通適當的情況下，植物的生長速度與方向基本上取決於光線。這並不僅僅是「室內日照較少」這麼簡單，而是事實上陽光並不能穿透你家的牆壁和天花板。

　　植物進入適應期後，我們可能得面臨老葉轉黃、葉尖焦枯、植物的莖變得細長，或者長勢歪七扭八等狀況。經過幾個星期或幾個月後，葉子枯萎和成長的速度會達到平衡——植物暫時進入穩定期。再過一段時間，植物很可能會順應新的環境，長成最適當的形狀。等到植物需要移盆或添土，又會進入下一個適應期。與其提心吊膽地觀察植物歷經的變化，不妨試著移除枯葉、修剪出好看的形狀，轉念體驗一下幫助植物度過適應期的樂趣。

觀賞壽命

　　我覺得植物的壽命，與其說是植物的存活期，不如說是適合觀賞的期間，我稱之為「觀賞壽命」。一株健康的植物，有還不能拿出來販賣的初生小苗期（因為植株太小且較無觀賞價值），當然也會成長到不再美觀或難以照顧的時刻。有些植物在室內會很快就變得「不好看」，雖然嚴格說來它仍活著。只是如同世上所有生物，植物也會隨著時間變化。運氣好的話，一株植物可以觀賞多年，你可以看著它茁壯、開花，甚至長出分枝。在它需要幫助時，幸好我們還有一些選項：修剪枝葉調整形狀、剪下枝條尖端換盆扦插或繁殖。只要了解植物如何生長和繁殖，就能設法延續它的生命。戶外園丁熟知植物有多年生和一年生，我們這些室內園丁也應該認知到植物有不同的生命週期，這樣才能享受順時而為的園藝樂趣——植物可不是不需照顧的雕塑。

　　有些植物在室內也很長壽，有些甚至彷彿不朽，可供世代傳承欣賞。這些植物長壽的方法有兩種：一是在壽命內保持美觀（有些需要修枝，有些不用），二是繁殖分枝（基本上就是複製），這樣你就能長久地觀賞它。接下來，我除了會介紹一些這類的植物，還會教你讓憔悴的植物重生的有趣技巧。

對頁圖：龜背芋（又名龜背竹）是一種大型植物，可以養很多年，推薦給家裡有足夠空間的人。

過分強調「過度澆水」

我剛開始種室內植物時，老是聽到這樣的指令：「不要過度澆水！」這似乎是在暗示我們少澆水就對了。可是那究竟是什麼意思？經常澆少少的水，還是說不要浸透土壤？這類建議很少有明確的準則，以致大家一把水澆到土壤上就開始緊張，而且覺得澆水是照顧者唯一的責任。本書將幫助大家理解，植物要澆多少水取決於光照量，此外我還會示範如何幫土壤通氣，讓土壤維持適當結構。只要光照恰當，根部能自在舒展，植物就能長得好。健康的植物自然會吸收適量的水分。

「低光照」不是無光照

本書最重要的一課，是教大家如何衡量植物接收的光照強度。植物的主要養分來自於光、而非肥料——植物是靠「攝取」光來產生二氧化碳。有很多文章喜歡打出吸引人的口號，像是「十大最佳低光照室內植物」或「低光照也長得好」，可是「低光照」的定義莫衷一是，更別說怎樣才算是「長得好」。一般而言，「低光照」比我們想像的還亮。植物學家說植物可在低光照下生長，其實代表一天需要高達 50 到 100 呎燭的光照度。以一間不靠窗的辦公室來說，你可能覺得人工照明的光很亮，但實際照到你辦公桌上的光只有 30 呎燭。你的植物嚴格說來或許能在那裡存活，但要長得好幾乎不可能！老實說，看著植物在經歷艱困的適應期，葉子掉落了八、九成之後，大多數人會認為它已經沒救了。

另外，低光照環境下的植物所需要的水量，通常少於高光照環境下的植物。所以，我們只要學會根據植物所處的環境，針對它的特定需求給予合適的照顧，當個有效率的植物照顧者，往後就不用再那麼依賴網路上流傳的各種植物養護建議了。

植物養成之樂

自然界會平衡生與死、美麗與衰敗、成長與凋落。在家裡一個恰當的角落擺上一盆植物，除了視覺上的享受，你還可以從照顧植物的需求、觀察它的成長，**甚至是為落葉感傷中**，得到深刻的滿足感。了解室內植物的適應期並接受它適合觀賞的壽命後，你就不會因為發現植物的變化而感到失望或挫折。我希望讀完這本書後，大家能在長年照顧一株室內植物的過程中，懂得欣賞它的成長特性。如果看久看膩了，不妨送給下一個有緣人，或是嘗試加以繁殖。我們只需了解自己家裡的環境、盡可能為植物提供良好的成長條件，其他順其自然即可。這就是「綠手指」的特徵。

如果能更懂得欣賞植物生長周期的各種變化，而不只是植物特定時期的樣貌，你將會擁有更豐富的植栽經驗。

左圖：肥料對成長中的植物有幫助，但不會讓植物成長──植物成長靠的是光。

2. 為植物打造完美的家

只要瀏覽 Instagram 上的 @urbanjungleblog 和 @houseplantclub 這兩大帳號，裡面精選的動態內容將令你大開眼界──在人們居住空間裡的植物竟然如此欣欣向榮！那些照片傳達出一種健康空間具有的活力與感覺。我想你會立刻察覺到真正的室內植物照顧者，與抱持著「在這陰暗的角落放盆植物裝飾一下」之類想法的人所營造的空間有什麼差別。

怎麼說呢？因為植物有沒有煥發生機，完全要看它被放在什麼樣的地方。這就是我在逛商場時看到自動電扶梯下放滿漂亮盆栽，總不免心生難過的原因。「它

們基本上是被送到那裡慢慢等死。」我一位擁有苗圃的朋友這麼說。如何讓植物看起來適得其所呢？關鍵還是在於確保光照足夠。

上圖：很多人把「低光照」誤以為「無光照」，於是把室內植物發放到陰暗的角落。上面這張照片裡的「大理石皇后」黃金葛，看來即將展開她悲慘的一生。

右上圖：我幫這盆「大理石皇后」黃金葛換了新家，現在它沐浴在頭頂天窗間接照下來的明亮日光之中，獲得新生。

右圖：把植物放在它們實際生長的地方，拍照起來會特別好看。它們似乎在說：「我屬於這裡！」再次重申，光照是關鍵。

左圖：龜背芋是長久受歡迎的孤植植物。

下圖：木材與陶盆總是和植物很搭。

室內植物演替

「演替」通常是指不同種類的植物在成長過程中主宰一方自然界（例如一片森林或草地）的方式。我們可以把這個概念套用到室內植物的輪替上，想想可以如何在家中與大自然共同合作。

第一階段

你的室內植物演替可以從孤植植物開始，即光是其形態和葉片便極具觀賞價值，足以成為室內視覺重點的植物。孤植植物的容器可以挑相襯或樸素不顯眼的款式，畢竟植物本身才是主角。「香龍血樹」這種葉片叢生的大型落地盆栽，就是很經典的選擇。小巧一點的孤植植物也很不錯，將一株黃金葛裝在六吋的盆栽，擺放在適當的位置，搶眼程度不輸大型植物。如果你只有一盆孤植植物，要它永遠光彩動人壓力實在有點大，所以明智的做法是選一種最不需要照顧、卻仍能維持美觀的植物。把植物放在光線充足之處，往往會與室內裝潢產生衝突。但讀完本書後，你將懂得如何為孤植植物挑選合適的位置，並提供適量的照顧。

第二階段

隨著你種的植物越來越多，你自然會貢獻出家裡的幾塊地盤來分區陳列它們——你可能想要逛逛植物架賣場，或是在凸窗前擺滿植物。合理的展示方法是讓每一盆植物都照得到明亮的間接光線；換句話說，你的每一盆植物都應該看得到一小片天空。要讓同一區的植物有整體感，選用類似的花盆是個好方法，但也不需要太統一，有幾盆比較顯眼也很有趣。將盆栽垂直掛列時，除了要注意室內裝潢，還要考慮生長條件和實際照顧上的便利性。

第三階段

到了第三階段，你家已經發展成一片成熟的叢林，滿眼綠意盎然。你幾乎看不到花盆，它們存在的意義可能只是方便澆水（比方說，你可能會將植物分類栽種在長方形花盆裡）。正如同每一片森林的特色來自於其中樹木的形狀，你的居家也會因為其中生長成熟、姿態各異的室內植物而具備獨特的個性。我相信許多室內設計師會認為室內叢林看起來像是「雜草叢生」，但也有一些設計師會感受到其迷人之處。一個真正成熟的生長空間會散發活力，其中的植物們彷彿在歡呼：「我們在這裡快樂成長很多年了！」

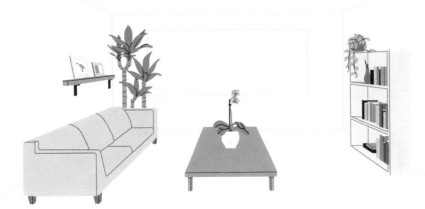

右圖：植物不見得「以多為美」，有時候我們更欣賞「成熟之美」。這個樓梯間只擺了十幾種植物，可是它們生長盤踞的樣子別有吸引力。

下圖：成熟的室內叢林不只是在室內擺滿植物；它其實是一個「室內熱帶花園」，裡面的植物都已成長為很適合環境的樣貌。

上圖和左圖：滿眼都是植物的凸窗，有幾株成熟的孤植植物作為視覺重點。

20

室內植物風格

左圖：這些多肉植物不是我種的，但我很欣賞它們被精心照料的樣子。

下圖：我的風格是熱帶植物——我對它們豐富多樣的葉子形狀、顏色和紋路很有感覺。

　　每個人聽音樂都會逐漸發現自己喜歡的曲風，種植物也是一樣。我偏愛熱帶觀葉植物，所以在這本書的日誌部分，你會發現裡面談到的大多是熱帶植物。不過有幾章討論到的植物照顧基礎知識，可以應用在任何植物上。所有植物都有相同的基本需求：適量光照、適時澆水，以及確保根部舒展的土壤管理。只要懂得這些，照顧任何植物都不難。你不必因為沒有某種植物的詳盡指南而惶恐不安，掌握整體性的植物照顧方法，你就能培養出知識和自信，去觀察不同植物如何適應你的住家環境，給予植物最適切的照顧。

3. 認識室內植物

想給植物貼切的照顧，先認識一點植物的生長原理會有幫助。相信你一定聽過「光合作用」，植物就是藉由光合作用將光能轉換為化學能——也就是碳水化合物或糖。葉綠素會使植物葉子呈現綠色，當葉綠素吸收到光子時，會促使大氣中的二氧化碳與葉子中的水發生反應，從而產生氧氣和碳水化合物。其中的氧氣會釋放回大氣中，這對呼吸氧氣的動物（例如人類）大有好處；而其中的碳水化合物則會由植物吸收以供生長。以上就是植物的生命週期。

植物以光為主食，水分和肥料都沒有光來得重要。沒有光能，植物會餓肚子。光可以將水轉換為植物生命所需的碳水化合物，一旦少了光這個媒介，植物從土壤吸收的水分只會不斷累積在葉片中，直到葉片細胞脹裂或淹死。缺乏碳水化合物基礎養分的植物將停止生長。我們都看過在陰暗角落裡葉子逐漸枯黃的植物——那就是植物挨餓的樣子。

幸好，不同品種的植物需要食用的光照量也各有高低，所以我們在室內還是能夠培育植物。尤其許多熱帶觀葉植物因為長年在大樹下生長，經過進化可以僅靠繁密樹葉透下來的少量間接光照存活；它們只需要少量的光（我們稱之為「明亮的間接光線」）就能成長茁壯。也之所以，很多珍貴的室內植物源自於熱帶。它們不需要那麼多光照，而且生長地帶的氣候多變，局部溫差巨大，所以特別能適應各種室內溫度。不過沒有給它們足夠的光照，仍會餓死它們。

對頁圖：中性色調的花盆，搭配深深淺淺的綠色都很好看。

熱帶觀葉植物的商業種植
業者會使用遮陽布,將陽
光減弱到恰好能讓他們的
植株快速成長,而且花盆
底下是網架,可以讓水與
空氣在花盆中流通。

不同植物適合不同環境

　　隨便觀察一株植物，你可以從它的外型看出許多事，包括它日常需要的光照量和水量。因為物競天擇，植物會竭盡所能適應環境中的光照、溼度和溫度等條件。多葉的熱帶植物生活在光線稍弱但水分充足的地方：深綠色薄薄的葉片雖然不能儲存多少水分，但富含葉綠素可捕捉從茂密樹冠灑下來的光子。把它們擺在明亮的間接光線之下，你的主要工作就是保持溼度。相反地，仙人掌和多肉植物的演化，則是能在陽光強烈但水分稀少的沙漠中生存：淡綠色的葉片像是水分堡壘，上面通常還有尖刺護衛。它們沒那麼努力製造葉綠素，而是投注心力在蓄水。所以在照顧這類植物的時候，只要確保大量日照即可，澆水倒是不必太勤勞。

　　當你對不同品種的植物有更多了解後，就越知道什麼樣的植物需要什麼樣的生長條件，適合放在家裡什麼地方。你會把熱帶植物放在家裡有明亮間接光線的位置。當你發現植物晒不夠太陽，就會少澆點水，免得它無法代謝。你將不再事事參考專家「建議」，而是憑藉自己第一手的知識和觀察來調整照顧方法。

適應室內生活對植物而言可能很辛苦

　　我們能買到的植物大多是在商業溫室中培育出來的，不過，所有植物又都是從自然界演化繁衍的後代。不論是商業溫室或大自然，都能給予植物最佳的日照、水分和土壤條件，而這些你家裡大概都比不上。把植物從完美滿足它生長所需的地方移走，它勢必需要一段適應期，過程中可能會掉落一些老葉；至於會掉多少葉子，主要看日常的光照量比以前減少多少。我希望大家懂得欣賞植物到新環境的適應能力，不要因為一些落葉或形狀變得不對稱而感到失望。如果你能進一步欣賞植物生長的歷程，而不執著於它是否跟你剛買回來那天一樣完美，那麼你會多出許多樂趣，少掉許多心痛。

植物在苗圃的生活

你認為植物住在苗圃像是在紓壓水療中心一樣舒適嗎？其實不然，苗圃比較像是高強度的訓練場，所有最佳化的環境條件都是為了強效加速植物成長，讓植物盡快達到適合販售的大小或形狀。就像是一位經過專業訓練的運動員，她的體型和肌肉張力在在反映出受到的高強度訓練。假如這位運動員到你家住，恐怕你既沒有世界級的訓練設備，也沒有她之前常吃的頂級營養補充品。那麼過了幾個月之後會發生什麼事？她的肌力會衰退，體型可能也稍有變化。但這代表她快死了嗎？當然不是！那她還健康嗎？我只能說她的身體已經盡力適應現有的生活條件了。室內植物也是一樣。如同運動員會失去健身房練來的肌力，我們家裡的植物也會因為離開苗圃而配合新環境脫落一些老葉。

相較於店家或你家，植物在苗圃享有這樣的生活：

光：苗圃以遮陽布擋住直晒而下的陽光，光照強度完美，因此大部分的熱帶觀葉室內植物都長得很好。植物因為陽光暢通無阻地從頭頂籠罩下來，所以能直立向上生長。下次你不妨站在家裡的窗戶旁邊，觀察在天花板和牆壁的遮蔽之下，你還能看到多少天空。

水：苗圃的水可能經過特殊處理，去除了會灼傷葉片的化學物質。而且在苗圃澆水時不必擔心弄溼地板，所以可以豪邁地澆灌這種特製水，確保土壤溼度完美均勻。多餘的水很容易從花盆排流到地面，慢慢蒸發，順便讓環境整體溼度提高。至於你家裡的水應該有經過氯和其他化學物質處理，那對人體有益但可能對植物有害。而且你的澆水和排水設備肯定也不及苗圃那樣專業精準。

土壤管理：大多數的植物苗圃業者都對所有植物使用同一種培養土，成分通常是泥炭苔和珍珠岩，當中的營養物質會直接融於水中。另外，苗圃的花盆頂端和底部都能接觸流通的空氣，植物根部得以透氣（塑膠育苗盆底部的排水孔也有助於空氣進入）。至於一般人家裡，花盆底下的容器通常沒有排水孔，所以土壤要不是因為水澆太少而太密實，就是因為水澆太多而積水。

空氣：苗圃的空氣潮溼而流通，換氣效果一流。相比之下，住家的空氣比較凝滯。

溫度：一般而言，植物喜歡溫暖的白天和涼爽的夜晚。在什麼樣的溫度之下，植物的運作功能可達到最理想狀態，每種植物都各有不同。不過所有植物在黑暗中休息時，都喜歡涼快一點。苗圃會刻意調大日夜溫差，不像一般居家為了人類舒適度，溫度都較為平均。

植物形狀：苗圃有專門的技術、工具和條件，可以將植物栽種成結構平衡形狀完美的商品。但當植物移居到你家裡，它會尋找光線的來源，開始長出另一種形狀。

植物在大自然的生活

許多人家裡常見的植物來自熱帶雨林。如果你去過熱帶雨林，可能會發現那些植物長得並不如在苗圃中「完美」。有些長得好的看起來鬱鬱蔥蔥生機盎然，但有點亂蓬蓬地。有時，它們也會試圖朝舒適圈外成長，你便可以看到它們奮力求生的樣子——例如沿著障礙物朝上或環繞生長，或在光禿禿的莖端冒出葉子。對於室內植物照顧者而言，了解植物的這種行為是很重要的一課。

相較於店家或你家，植物在大自然享有這樣的生活：

光：「低光照」的熱帶觀葉植物喜歡從林冠篩落的陽光。雖說是「樹蔭」，但樹蔭下的光照強度仍高於你家裡遠離窗邊的區域。不過，只要把植物搬到窗邊，植物在家也能享有等同於樹蔭下的光照。

水：如果室內植物能喝到聖杯中的水，那水中一定含有「雨水」，而且不是普通的雨水——對植物來說，從屋簷流落的雨滴，絕對比不上從層層樹葉間滾落的雨珠。我們雖然無法準備純正的雨水，但幸好大部分的熱帶植物也能接受自來水。

土壤管理：冠軍級的優良土壤來自大自然，這要歸功於以土壤為家的生物。大多數植物會釋放含糖物質來吸引細菌、真菌及其相關的食物鏈。從微生物、昆蟲再到動物，這些生物不斷補充土壤養分，並使土壤保持良好結構，促進植物根部健康。而且，昆蟲和蠕蟲在植物根部附近挖洞，也有助於土壤維持良好的通風。當你把植物帶回家後，就少了這些小幫手了。不過，我會教各位保持土壤健康的一些簡單技巧。

空氣：植物習慣自然的空氣流通和溼度變化。相較之下，住家的空氣比較凝滯。

溫度：植物喜歡白天溫度高一點，夜晚溫度低一點，但我們人類大多不能適應這樣的溫差。自然界的溫差變化遠較我們的住家甚至苗圃來得劇烈。

植物形狀：自然界的規則是「適者生存」，而不是「美者生存」。一陣強風或一隻大型動物可能會撞上一株植物，折斷植物的莖。或許有一隻飢餓的草食動物過來啃幾片葉子，覺得難吃又停了下來（大部分熱帶觀葉植物都帶有些微毒性）。總而言之，在野外生長的植物長相很難符合苗圃理想的商品標準。這樣說來，在大自然中生長的植物，與你家裡重新適應過環境的植物更為接近，畢竟兩者外觀都不如苗圃培育的那樣完美。

4. 室內植物整體照顧

室內植物整體照顧重點包括：在室內為植物提供合適的環境；觀察植物判斷它的需求，而非盲目遵循照顧指南；以及了解並接受植物的生命週期。大部分的植物照顧指南，寫的都像是花店老闆在你買盆栽時隨口說的簡單注意事項。這些對於新手是有幫助，可是很少能增加你對植物的基本認識，以及對它們該有的長期期待。

我們來看看影響植物健康的關鍵因素：土壤之上的因素包括光、氣流、溫度和溼度。土壤之下的因素則是水分、氣流和養分。身為植物的照顧者，你必須考慮哪些因素值得多做努力——你願意花多少心力確保適量光照？你肯花時間提高植物周圍的溼度嗎？為了配合植物的需求，你能調整生活方式到什麼程度？

影響室內植物健康的因素（依重要程度排序）

① 光

② 水

③ 土壤結構

④ 土壤養分

⑤ 溫度

⑥ 溼度

　　雖然這些都是影響植物健康的關鍵因素，但前三者（光、水和土壤結構）尤為重要。我能給出最通用與實用的建議是：確保你的植物獲得適當光照，然後配合光照量澆水，再偶而鬆土讓空氣流通。

　　照顧大多數植物時，溫度和溼度沒那麼重要，因為室內環境條件如果能讓人體感到舒適，植物大多也會舒適。你一旦感覺室內溫度和（或）溼度不舒服，便會立刻採取行動改善，你的植物根本來不及抱怨！

以下筆記可以幫助你進一步了解影響植物健康的因素的重要順序，以及這些因素之間的相互作用。

光

對任何植物來說，光照強度有三大類：可勉強生存的最低光照、適宜生長的光照，以及讓生長最快速的最佳光照。我將在第五章分享一些測量光照強度的工具和技巧。你可以看到我在本書介紹的一些植物，它們生存所需的最低光照各有不同。但或許更重要的是，在缺乏光照的情況下，有些植物就是比其他植物長得更好看！

光照與澆水

植物接收的光照越多（根據強度和持續時間來計算），光合作用所消耗的水分就越多。在陽光直射之下的植物，會藉由葉片上的小孔（稱為「氣孔」）蒸發水分來散熱降溫。所以說，在良好光照下生長的植物會缺水。反之，若把植物放在低光照的地方，它就會緩慢代謝水分，土壤也會比在明亮光線之下保溼得更久。留在土壤裡未被植物吸收的水分，可能會造成植物根部腐爛等問題。注意植物在你家裡的狀況，學習判斷它有多渴，就能發展出一套適合它所需的澆水策略。

植物與澆水

為了適應不頻繁的降雨，多肉植物會將水分儲存在葉子中，以備長期乾旱之需。相反地，葉片較大的熱帶雨林植物因為很少需要擔心乾旱，所以並不會儲存水分。在我們家中，同樣的情形也會出現，因此會有不同的澆水建議：多葉植物通常偏好長期均勻溼潤的土壤；仙人掌和多肉植物則喜歡大部分時間完全乾燥。我們只要有這樣的資訊，並多加注意光照狀況，自然而然就知道大多數的植物需要的澆水量和澆水頻率。

澆水與土壤結構

土壤顆粒會隨著植物反覆吸水而被拉近植物根部，將根部緊緊包圍。室內盆栽並沒有昆蟲或蠕蟲居住其中（希望沒有），土壤少了蟲子幫忙鬆土來抵抗這個過程，就會變得越來越密實。本書將教你如何在澆水前用筷子輕輕戳透盆栽土，為土壤通氣——鬆過的土壤有助於讓空氣和水分更均勻地滲透。

光照與施肥

土壤中的微量營養素耗盡時，可以施肥來補充土壤養分。只有當植物快速生長時，才會耗盡這些營養素。如果你看到植物在明亮的光線下生長旺盛，這時可以施肥。但要是光照量偏低，植物生長緩慢，反而不需要施肥。盆栽土裡原本就有的微量營養素，應該能撐到你要換盆的時候，而等你換上新鮮的土壤，自然又有新的營養素了。

溫度

本書的照顧方法是專門針對室內植物，而所謂室內就是你的住家。只要你感覺舒適，你家裡大部分的植物也會感覺舒適。植物因為溫度而受傷，通常是因為被留在車子裡。如果室外溫度是你不會讓孩童留在車裡的溫度，那你就不應該把植物留在車裡。

溼度

提升溼度的偏方五花八門，也常有人說「中央空調住家溼度太低」會害植物萎靡不振——這是在製造難以兩全的恐懼。如果你的居住地氣候非常乾燥，使用加溼器提升溼度是最好的方法。放棄噴霧灑水的念頭吧！噴霧加溼的效果，就跟點燃一根火柴幫房間加溫差不多。

總結：

· 影響植物成長狀況的決定因素是光照。

· 其他因素都應根據植物成長狀況再做調整。

· 請別抱持不切實際的幻想，認為這些因素能完全由人為掌控。

5. 光照

室內植物種不好，大多是因為我們誤解了光照強度。植物到底需要多少光照才能欣欣向榮呢？日照、局部日照、陰影、明亮的間接光線、低光照，這些講法都很模糊抽象。除了仙人掌、多肉植物和某些開花植物，大部分的室內植物都喜歡園藝專家所謂的「明亮的間接光線」。有關植物光照的建議總是如此簡略，照顧重點很快就移向澆水和施肥這些必須由照顧者為植物做的事情。可是植物自己要做的事呢？植物得靠自己行光合作用成長！如果光照量不夠，那所有的澆水施肥對它們都沒有任何幫助。

我常聽到有人抱怨：「我的房間沒陽光。」好吧，沒有陽光但是有窗戶吧？那要怎麼知道植物有沒有從這片窗戶獲得足夠光照呢？我深思熟慮後的答案如下：最好的方法是在白天讓所有植物盡可能看得到天空（只有某些植物需要陽光直曬）。

為什麼我們對光照量的理解這麼少呢？想想我們和植物同住的室內環境條件吧。植物喜歡的溫度通常和我們差不多，至於土壤乾溼度，我們摸一下就能輕易判斷。另一方面，動物和植物對光照量的感知卻大不相同。光對人類的作用是讓我們看清周遭環境，但對植物而言，則是用來製造主食的重要媒介。在你房間裡遠離窗戶的角落，你可能看得清楚，但是住在那裡的植物卻會挨餓──而且我們不會聽到它喊餓！事實上這是人類演化的結果，為了生存，我們需要看清陰暗的角落裡發生了什麼事，所以我們的視覺系統並不擅長衡量光的強度──不論某個場景有多亮，我們的視覺系統都會盡量讓它顯得明亮。我們的眼睛看不出來陰暗角落裡的植物真正照到多少光。所以，若光照是把植物照顧好的先決條件，我們就必須更善於估算它。該是學習測量光照的時候了。

#我的植物看到什麼──估算光照的方法

左圖：這盆心葉蔓
綠絨看得到什麼？

你該自問的不是：「這裡有多亮？」而是：「我的植物在這裡看得到什麼樣的光？」觀察一天下來以及一年四季的光線變化。把你的視線調低或調高到與植物齊平的視角，**把自己當作那盆植物！**直直看向最近的窗戶，試著按照光的亮度高低，判斷它是右邊檢查表中的哪一種光。你可以利用這份「#我的植物看到什麼」檢查表，來認識你家中的植物在某個特定位置的光照量。

類型 1. **直射的陽光**	植物可以直視到太陽。這是植物能接受的最強光照，大部分的熱帶觀葉植物頂多晒三、四個小時就受不了了。仙人掌和多肉植物倒是偏愛這樣強烈的光照。
類型 2a. **篩落/** **分散的陽光**	植物看向太陽的視線部分受阻。像是從樹葉間篩落，或穿過半透明窗簾的陽光，都屬於此類。
類型 2b. **反射的陽光**	植物看到的是直射在閃亮物品或光滑表面的陽光，即使它本身看不到太陽。
類型 3. **天光**	植物在晴朗的白日看到的藍天。這是個容易衡量的標準，因為一天內的光照強度時有變化，但植物在同一個位置能看到多少天空則是固定的。

右圖：蔓綠絨從頂端的架子上看到的陽光完全是類型 2b（反射的陽光）──從窗戶穿入，又從白色的百葉窗反射過來。這樣你大概能判斷蔓綠絨照到的「明亮的間接光線」比其他更靠窗的植物來得少，但還是比完全看不到窗戶來得好。那麼坐在窗邊的龜背芋又看得到什麼呢？

左圖：從龜背芋角度看出去的視野顯然更明亮，因為從百葉窗看出去的視野**更廣**（陽光從百葉窗反射過來──類型 2b）。而且從這個角度還能看到一些天空，獲得一些類型 3 的光照（天光）。

你會發現，長得好的室內植物，大多照的是「**明亮的間接光線**」。在這種光線下的植物，一定看得到上面說的類型 2a、類型 2b 和類型 3 的陽光（可能是全部或其中一、兩種）。如果植物偶而還看得到太陽（類型 1 的光照），那你應該確認植物能不能忍受陽光直射。當你使用這份檢查表來估算光照度時，窗戶大小以及植物與窗戶的距離也很重要。窗戶大小不能改變，但是植物與窗戶的距離可以改變。要讓熱帶觀葉植物有**最大片**的天空視野，最好盡可能靠窗擺放，讓直射的陽光經由透明的薄窗簾遮擋後散射進來，這樣的日照量最佳。

使用測光表測量光照

利用第 36 頁的「#我的植物看到什麼」檢查表，你就可以了解每一盆植物獲得的光照量。時間久了之後，你會培養出對光照持續時間以及植物與窗戶的距離的敏感度。再之後，你或許想實際測量光照強度，來印證自己的直覺是否正確，這時候你就需要測光表來測量呎燭（foot-candles，簡稱 FC，為 1 標準燭光在距離 1 呎的 1 平方呎區域，所產生的照明度）。當你將植物稍微搬離窗邊，用測光表即

可看出照明度如何急遽下降。

以前只有對園藝很講究的人才捨得花錢買測光表（買一個好一點的不到 50 美元），

上圖：這是一個高樓公寓房間，大扇的窗戶加上沒什麼遮蔽陽光的障礙物，這樣的光照適合大部分的觀葉植物。遠處牆面窗戶面朝西，右牆則是面北。接下來幾頁，我們將一一測量這張照片裡的植物所獲得的光照量。

現在智慧型手機上也有測光表應用程式了（價格從免費到幾美元不等）。這些測光應用程式的準確度當然比不上專業的測光表，但也足夠顯示室內各處的光照強度變化。沒有人會跟你說：「這株植物需要剛剛好 375 呎燭的光照才長得好。」但當你看到從客廳一角走到另一角光照強度下降十倍，就會大有所獲。在這一章的照片中，我交替使用了專業測光表和手機測光應用程式，兩種都示範給大家看。

開始測光後，你對植物的感情也會逐漸加深，因為你會感覺到它們的基本需求。在一片暗牆邊測到的光只有 30 呎燭，你就知道植物挨餓了；在窗邊測到 350 呎燭，你會因為知道植物正在快樂成長而欣慰地微笑。

這裡還有另一份「明亮的間接光線」檢查表，這次我們不用「#我的植物看到什麼」的方法，而是改用測光表來測量。測量時間請選在一天中最亮的時候（通常是接近中午），晴天和陰天各半。測光表的感測部位應貼近植物的葉子，螢幕面向最接近的光源。

50-150 呎燭

我們常聽說的「可容忍的低光照」，就是這個「低光照」。但這個範圍其實接近「無光照」。在一般常見的室內植物中，只有虎尾蘭、黃金葛、某幾種蔓綠絨和美鐵芋能容忍低光照。測量出這個讀數時請小心！如果你晴天中午測量只有 50-150 呎燭，那你的測量位置可能遠離窗邊，或者窗邊有大型障礙物。無論如何，植物看到的天空景色都很有限。

200-800 呎燭

這個範圍的光照可以讓任何一種熱帶觀葉植物長得很好，也會讓前面提到的「低光照」植物更健康。這樣的光照量代表你的植物可能看得到一大片天空，或是灑在白色窗簾上的陽光，而且你澆水時不必太擔心泡爛植物根部。植物的生長速度、吸水量和土壤養分消耗，在 400-800 呎燭下將比 200-400 呎燭來得快速。超過 800 呎燭不見得比較好；植物保持在低一點的光照強度比較好顧，因為這樣就不必經常澆水。雖然會犧牲生長速度，但種植物的目的也並非只想看它不斷生長。

800-1000 呎燭

一扇有滿滿陽光的窗戶，經過透明薄窗簾遮擋，測出來差不多是 800 到 1000 呎燭以上，這也是「明亮的間接光線」可接受的上限。

8000 以上呎燭

植物能夠直視陽光，代表光照**非常強烈**。只有仙人掌和多肉植物可以這樣晒上一整天。大型熱帶觀葉植物能忍受幾個小時，但小型的還是比較喜歡隔著透明薄窗簾。

③ 晴天

④ 晴天

③ 陰天

④ 陰天

①

粗肋草是典型喜歡「明亮的間接光線」的植物。儘管在房間遠離窗戶的位置，還是能透過落地窗看到一大片天空。某個晴天我量到了 465 呎燭——這是適合粗肋草的光照量。

②

鐵架上的植物正在 508 呎燭的光照下快樂生長。

③（晴天）

龍血樹和翡翠木舒適地沐浴在 701 呎燭的光照下。它們這時候完全照不到直射的陽光，但能看到一大片天空，包括**靠近**太陽的一些區域。

④（晴天）

植物看到的是一大片幾無遮掩的北方天空，光照量是 600 呎燭。

③（陰天）和 ④（陰天）

多雲的日子又有多少光呢？我們來看看春日陰天下午在位置③和④各有多少光照……因為是陰天，陽光會平均分散且減弱。我們來比較位置③和④之間的光照強度在晴天和陰天的差異：晴天約差 200 呎燭；陰天約差 20 呎燭。

對於低光照的誤解

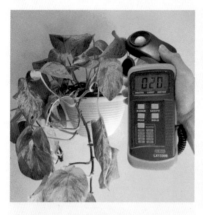 

這株「大理石皇后」黃金葛在天窗下愉快地活著，現在有 200 呎燭的光照（左上）。再看看「#我的植物看到什麼」（左下）——從與天光的距離再加上這一片天空視角，這個類型 3 的光照稍小，但因為離太陽近，所以還蠻明亮的（即使陽光沒有直射到植物上）。

如果移到可以直視太陽的位置，測光表測到的光照度超過 9000 呎燭（右上）。至於「#我的植物看到什麼」（右下）——與前一張照片同樣的一角天空（類型 3），但這邊看得到太陽（類型 1）。

如果植物有眼睛，我猜它們一聽到有人說：「這種植物在低光照下也能長得很好。」就會忍不住翻白眼。對於把植物純粹當作室內裝飾品的人來說，這只是一個藉口。我比較喜歡說：「這種植物在 50 呎燭下優雅地挨餓著。」明確說來，這代表這種植物即使命懸一線，外表還是相對美麗。園藝專家所謂的「低光照」是指林冠底下，只能看到部分天空的區域，跟你家裡離窗戶最遠的角落不一樣。你家裡這種角落的光照度，更像是在山洞裡透過一個小開口看外面。你不妨親自測量，印證我是否言之有理。

「#我的植物看到什麼」vs 測光表讀數			
傳統用語	#我的植物看到什麼（直接和間接，持續時間）	測光表讀數（呎燭，持續時間）	室內植物種類
全日照	一天中可以看到太陽的時數越久越好（類型 1）	8000 以上；一天中達到 8000 的時數越久越好	仙人掌可以長得很好；熱帶觀葉植物會晒焦
半日照	一天中看到太陽約 4-6 小時（類型 1），其餘時間是間接光線（類型 2a、類型 2b 和類型 3）	有太陽時 8000 以上；其餘時間 800 以上	多肉植物和仙人掌可以生存；某些熱帶觀葉植物可以忍受這種等級的日晒時數
微日照	一天中看到太陽約 0-4 小時（類型 1），其餘時間是間接光線（類型 2a、類型 2b 和類型 3）	一天中達到 800 以上的時數越久越好	大多數觀葉植物能快速生長；多肉植物和仙人掌可以生存
明亮的間接光線	一天中看到太陽約 0-4 小時，其餘時間是間接光線（類型 2a、類型 2b 和類型 3）	一天中達到 400-800 的時數越久越好	大多數觀葉植物能快速生長；多肉植物和仙人掌或許可以生存
低光照	完全看不到太陽，整天都是間接光線	一天中達到 200-400 的時數越久越好	大多數觀葉植物能良好生長；不適合仙人掌／多肉植物
（無光照）	完全看不到太陽，遠離窗戶	亮度永遠不超過 50-100，而且有光的時間只有幾個小時	「低光照」植物或許可以生存；仙人掌／多肉植物無法生長

自然光與植物生長燈的比較

現在我們比較懂得測量光照了，接下來可以更精確地評估自然光和植物生長燈之間的亮度差異。常有人問我，「陽光不夠」該不該買植物生長燈？等你測量過各種光照情況下的光照強度，就會發現沒有任何植物生長燈比得上陽光直射時的亮度。如果把問題改成：「光照不夠」該不該買植物生長燈？我們就能用呎燭讀數來做比較。植物生長燈能給我們一個實用的提醒，那就是植物接收到的亮度，大致取決於植物與光源之間的距離。請打開植物生長燈，用測光表測量從燈泡到植物之間不同距離的亮度差距。你會發現離燈泡越遠，光度讀數下降越快。請將這些讀數記錄下來，然後與測光表在窗邊測到的讀數做比較。結果是：植物必須極為靠近植物生長燈，才會得到接近待在大窗戶旁邊的光照強度，即便是陰天亦然。

下圖：我把下面這盞植物生長燈設為 12 小時開啟，12 小時關閉（左邊）。比較「柳橙王子」蔓綠絨（中間）位置的光照強度—— 564 呎燭，以及距離幾吋但離光源更遠的多肉植物「銀月」（右邊）位置的光照強度—— 225 呎燭。這怎麼能與自然光相比呢？

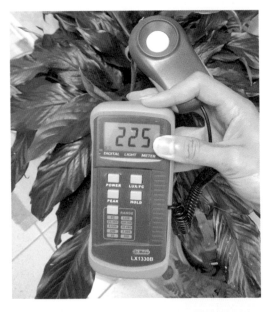

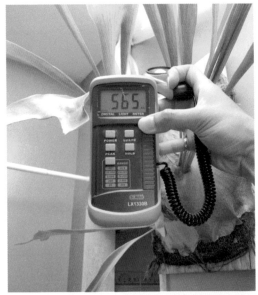

左圖：我的這盆白鶴芋（上）放在天窗下的地面，此刻測到 225 呎燭——相當於植物生長燈下的那株銀月獲得的光照。#我的植物看到什麼（下）——從白鶴芋的角度看到的天窗；此時沒有陽光直射，但看得到天空。

右圖：我的這盆鹿角蕨（上）掛在更接近天窗的位置，此刻測到 565 呎燭（如果測量葉子尖端處，讀數可能更高）——相當於植物生長燈下的那株「柳橙王子」蔓綠絨獲得的光照。#我的植物看到什麼（下）——因為更靠近天窗，看得到更多天空，所以光照強度更高。

6. 土壤

繼續「室內植物整體照顧」這個主題，說到「土壤管理」，土壤和澆水是相輔相成的。短期如幾天到幾週，我們需要藉由澆水和通氣來管理土壤的水分和結構。長期如幾個月到幾年，則要用換盆、施肥或追肥，來解決土壤養分消耗和結構惡化的問題。這一章我們先來認識土壤的作用和成分。下一章再接著討論如何積極管理土壤，像是澆水保持土壤溼度，以及鬆土通氣保持土壤結構。

土壤的作用

　　土壤裡的根圈（植物根部和土壤發生作用的區域）發生著很多事。植物根部需要扎進土裡，以支撐植物露出地面的莖、葉、分枝結構的重量，所以土壤必須有一定的緊實度，但也不能到密不透風的地步，畢竟植物根部還是需要對外換氣。

　　另外，土壤當然還要能保持水分。這就不太簡單了。如果土壤裡的水分一直多於植物的用量，植物根部可能會腐爛而死，導致葉片跟著枯黃凋落。潮溼陳舊的土壤容易滋生真菌病，對腐爛中變得脆弱的植物根部造成感染，使得葉片上出現深棕色的斑點。如果植物的光照不足，絕對會出現以上狀況之一。即便光照充足，土壤裡只要有淤積凝滯的水分，依然有可能出現上述一或多個狀況。另一方面，如果土壤含沙量過高，水分流失太快，某些植物將會非常容易枯萎，你必須非常勤勞地澆水才行。

　　植物根部會從土壤汲取整株植物健康發育所需的營養。某些營養元素會融於土壤的水分中，有些元素則會附著在土壤顆粒上。室內植物無從接觸大自然中自然循環的營養，只能盡力吸收花盆裡所有的養分。

保水與排水

　　我們混合不同比例的土壤，為的就是管理土壤的兩大特性——保水與排水。這兩者不見得相衝突。我們討論土壤的各種成分時，你將會發現某些介質既能保水又能促進排水。「保水」是指土壤留住水分的能力——想想海綿如何吸收灑入的水。「排水」則是指土壤讓澆入的多餘水分流出去的能力。任何介質都有一些保水和排水特性。下一章我們將進一步分析，各種澆水方法對於土壤吸水或排水的效果有什麼影響。

上圖：泥炭苔與珍珠岩混合物的特寫——這是常見的混合盆栽土。泥炭苔具有出色的保溼性，而珍珠岩則具有排水性和通氣性。

室內植物土壤成分

以下介紹一些常見土壤成分的排水性和保水性。盆栽土的成分眾多，還有很多沒列出來，不過基本作用相同：為植物根部供應養分，同時盡量方便我們管理土壤。順帶一提，我並不是說一定要自己去混合土壤，只是覺得最好知道盆栽土有哪些不同組合。舉個具體的例子，苗圃在培育大多數的植物時，用的基本上是泥炭苔再加上不同比例的珍珠岩。好奇的話你可以嘗試很多種成分組合，如果不想花功夫在這上面，直接使用市面上預先混好的盆栽土也就夠了。

泥炭苔

盆栽土最普遍的主要成分是來自於沼澤的苔蘚。泥炭苔的特性是像海綿一樣，能夠吸收大量水分，而且聞起來有甜甜的泥土芬芳。盆栽土很少單獨使用泥炭苔。

椰殼

椰殼是椰子收成時的副產品，可以代替泥炭苔而且更持久。椰殼如同泥炭苔，也具有海綿般的吸水特性，但聞起來微酸。

堆肥（無附圖）

腐爛的有機物，普遍用於戶外園藝，偶而也用於室內植物。保水性極佳，而且有益於土壤裡的微生物生長，但代價是會吸引蕈蚊。堆肥通常會混合珍珠岩或粗砂來改善排水性。

珍珠岩

幾乎所有盆栽土裡都能見到的白色小石塊就是珍珠岩。將火山玻璃加熱到一定的高溫後，它會像爆米花一樣爆開，產生珍珠岩。與泥炭苔相比，珍珠岩密度較低且顆粒較大，有助於保持土壤鬆軟通風（請記住，植物根部需要換氣，也需要換水）。珍珠岩粗糙的表面可吸附水膜，但珍珠岩本身吸收不了多少水分。

蛭石

層狀結構帶微微金光的蛭石，是通過加熱矽酸鹽直到膨脹成手風琴狀顆粒而成。蛭石與珍珠岩相似，但保水性較佳。

粗砂

粗砂不具吸水性，因此常被添加到盆栽土裡來保持重量，同時促進排水。

樹皮

樹皮孔隙較大，水分很容易排出，但如果將樹皮浸泡一會兒（大概30 分鐘），則會緩慢釋放水分。大型盆栽（直徑大於 12 吋）特別適合添加樹皮來維持土壤的良好結構，因為同樣分量的土壤如果只有泥炭苔和珍珠岩，結構會太緊密。樹皮最終會分解在土裡。

水苔

水苔具有海綿般的吸水特性，可保有大量水分，但太乾燥時會變得又硬又脆，這時只要放到水裡充分浸泡就能恢復。

泥炭苔

椰殼

珍珠岩

蛭石

粗砂

樹皮

水苔

右圖：我這顆馬拉巴栗在泥炭苔和珍珠岩的混合土壤裡生長良好──泥炭苔與珍珠岩的比例是二比一。

下圖：靠近一點，你會看到在這混合了小片樹皮和泥炭苔的盆栽土裡，還加了一些砂粒。

左下：我把鹿角蕨種在裝滿純水苔的壁掛粗麻布袋裡。像這樣壁掛的植物，所用的土壤必須有良好的保水性，因為接觸空氣的面積更多，水分蒸發更快速。

下圖：我的虎尾蘭盆栽土裡面有泥炭苔、椰殼纖維和樹皮。綠色顆粒是緩釋性肥料。

土壤吸溼量——重量和體積

包含泥炭苔和珍珠岩的典型盆栽土，可以吸收其體積三分之一的水量。盆栽土如果混入較多粗砂（如果有養多肉植物或仙人掌就有需要），可吸收的總水量將減少到總土壤體積的四分之一或五分之一左右。如水苔這樣具高保水性的介質，可吸收的水量高達其總體積的一半。你可以根據保水能力，將前面介紹的幾種介質由高到低依序排列：

· **保水性最高**
   水苔、泥炭苔、椰殼、堆肥

· **保水性中等**
   蛭石、樹皮

· **保水性偏低**
   珍珠岩、粗砂

盆栽土幾乎都會混合以上兩或三種介質。家裡不妨準備些珍珠岩或粗砂，這樣就能增加任何混合土的排水性，讓它的溼潤度不致太高。

想知道植物的土壤是否乾燥，抬起花盆感覺一下是個簡單的方法。你可以從重量判斷土壤有多少水分：很輕＝完全乾燥；沉重＝吸滿水分。如果其他環境條件全都一樣，接收較多光照的植物，會比放在陰暗處的植物更快消化土壤水分；前者的花盆會變輕，後者依然沉重。如果不方便抬起花盆，可以改試我下一章將介紹的方法，那就是拿一枝筷子小心地插入土壤裡探查。

肥料

植物肥料主要用來補充下列三大營養元素：

氮（N）
幫助葉片生長。

磷（P）
幫助根部生長和開花。

鉀（K）
幫助植物一般的細胞作用。

請注意，我的用詞是「幫助」，而不是「促使」或「讓植物長得更好」。如前所述，植物生長靠的是將二氧化碳和水轉換為氧氣和碳水化合物。實際上的過程遠比這簡化的描述更為複雜，而且需要額外的微量元素來幫助植物成長，這才是肥料的作用。

植物土壤中的任何有機物質，或多或少都帶有氮、磷、鉀其中的一些，市售的盆栽土也一定有添加這個黃金三組合。然而，每一次為植物有澆水，都會沖走一些水溶性營養素。如果植物有獲得良好生長所需的足夠光照與相應的澆水量，那麼它就會在澆水流失微量元素的同時進行吸收，此時補充營養對它就會有益。不過，如果你擺放植物的位置，每天最高只有 50 呎燭的光照，植物幾乎沒怎麼生長，那就不必忙著施肥了。一年後將植物換盆重新栽種，就能補充新的營養了。

施肥的時機

　　如果你的植物生長良好，那麼施肥的分量和頻率可以按照肥料廠商的指示，但只能少不能多，千萬不要超過。肥料少用一點總是比較安全，其實我試過一整年不加肥料。我那些比較成熟的植物還是活得好好的，而且有長一些新葉子，雖然有用肥料的話或許能長更多。只有一株馬拉巴栗出現了缺鎂的現象——葉片變色：老葉變黃，但葉脈仍是綠色。請記得，我們種植物是要看它生長。如果植物只有最低光照而克難求生，它自然會掉落一些老葉子來適應減少的光照。這並不代表需要施肥了！

　　你會注意到肥料包裝袋上有一組三個數字的序號，分別代表肥料中所含氮、磷和鉀的百分比，這三種成分在不同品牌的室內植物肥料中有不同的比例。如果你栽種室內植物純粹出於自己的興趣，使用三者比例「均衡」的肥料就足夠了。我慣常使用的是比例 10-15-10 的通用液態肥料。

7. 澆水

澆水是照顧室內植物的例行工作。「每週為土壤澆一次水」或是「不要過度澆水」這些常見的澆水指示,總是讓園藝新手困惑不已,不知道自己到底做對了沒。所以一看到植物在適應新家的過程中掉了一些老葉,他們就過度增加或減少澆水量,反而對植物造成更大的適應壓力。

　　在本章,我們將試著把澆水這個「例行工作」轉變成與生長中植物進行的「愉快互動」。遲早你會從每株植物的習性和光照量中,得知它們各自需要澆多少水。但首先,你要確保的是水分有確實到達植物根部。為植物澆水的頻率和水量固然重要,但更值得重視的是植物根部的健康,為此我們需要學習一些基本的澆水和土壤管理做法。

澆水時如何讓水分均勻散布

為植物澆水的主要目的，是讓土壤保持適當溼潤，水分應該盡可能平均分布——這也是土壤結構很重要的原因。當你開始真正認知到植物根部周圍土壤乾燥與潮溼的波動程度、緊實度和通風性等環境條件，它就會更開心地生長。

① 從土壤表面一處倒下少量水，水會在土壤最鬆軟的部位滲透到最深處。即使水量多到流出排水孔，可能還是有些土塊是乾的，水分分布並不均勻。

② 在極為乾燥的花盆中，你會看到土壤緊實到與花盆邊緣脫離的程度。無論倒入多少水，水都會從乾硬的土壤表面經過，直接流出排水孔，結果植物根球大部分還是乾的。除非將整個花盆泡在一缸水裡一個小時，植物根部才浸得到水。但這個方法並不實用，更簡單有效的方法是：讓土壤通氣！

③ 讓土壤通氣。澆水前，用筷子輕輕在土壤表面戳幾個通氣孔。這樣一來，倒入土壤表面的水會更均勻地浸透土壤。重要的是，要確保水有盡量平均分布，不然明明已經「澆過水」了，植物根部如果剛好在沒澆到水的土塊裡，依然會枯死。

三種實用的澆水方法

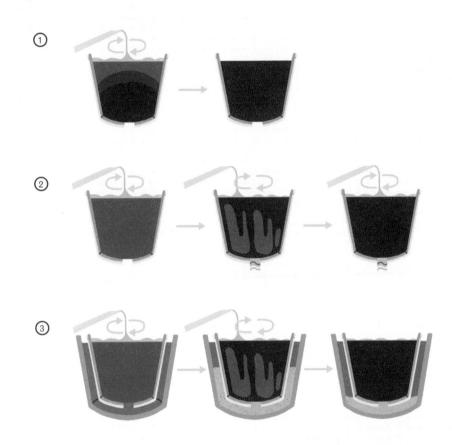

① 快速澆水

倒入足夠的水，讓土壤表面溼潤，水也滲進去，但不至於從花盆底部溢出。我會用這個方法為乾渴的植物（偏好均勻溼潤的土壤）澆水，好讓它能撐到下次我能徹底澆水的時候。先花一分鐘為土壤通氣（植物特別乾燥時尤為需要），以促進水分散布得更平均。

② 連續澆水

這通常會在水槽裡面進行。方法是不斷澆水到土壤表面，直到水從排水孔流出。這有助於沖洗出對土壤有害的鹽分，但水溶性營養素也會跟著流出。偶而讓植物好好泡一下水，對植物大有好處，也是植物照顧者的樂趣之一。

③ 澆水並浸泡

當植物是栽種在有排水孔的塑膠育苗盆，並放在防水的容器或裝飾性托盆裡，這就是最容易做到的澆水法。如果你有好幾盆小植物，也可以把它們移到淺一點的塑膠桶裡再澆水。幾個小時後，等土壤盡可能吸滿水分，再倒掉多餘的水。這是讓土壤吸收最多水分的好方法。

左上圖：在浴室淋浴間進行連續澆水，可以輕鬆瀝除多餘的水分。

右上圖：在適當的光照下生長良好的植物，泡一下水更有幫助。底部有排水孔的花盆可以讓多餘水分流出，讓土壤均勻溼潤。

下圖：小盆植物可以置入塑膠盒裡澆水，讓它們泡一會兒水，等土壤吸滿水分，再放回原本的底盆上。

上圖：重要的是，要確保水有盡量平均分布，不然明明已經「澆過水」了，植物根部如果剛好在沒澆到水的土塊裡，依然會枯死。

要選哪種澆水方法

　　答案是全部都選！我會隨機替換澆水方法，並定期為土壤通氣，以避免任何一種方法導致的水分不均勻。「快速澆水」免不了有些乾燥的土塊，但最為省時。另外兩種方法需要更多時間和空間，但為了澆水均勻，還是得習慣把植物移來移去。你也要習慣不同植物有不同需求：鐵線蕨容易乾渴，土壤需要保持溼潤，因此每次澆水都要徹底浸泡；離窗邊較遠的虎尾蘭，土壤一定會變得乾硬緊實，所以每次澆水都要細心鬆土。

土壤通氣——鮮為人知但超級實用的植物照顧技巧

　　剛開始分享我的土壤通氣技巧時，有人留言說：「我順利種了好幾年室內植物，從來沒像這樣為土壤通過氣！」其實你每一次澆水，空氣也會流向植物根部——只要聽聽倒水時發出的劈啪聲。但是當植物生長時，根部會反覆吸收周圍土壤的水分，土壤顆粒也就因此收縮成乾土塊。就性喜潮溼的植物而言，如果你澆水澆得好，土壤結構永遠不會變得乾硬，每次澆水都能保持適當的鬆軟度。當你為植物換盆時，新鮮的土壤將有良好的通氣度。能夠忍受乾燥土壤的植物，特別容易發生乾土塊的問題。即使仔細浸泡，也不一定能濡溼乾硬的土塊，而且植物可能因為缺乏空氣而窒息。養成定期為土壤通氣的習慣，能幫助你感覺土壤狀態是否保持一致，判斷土壤變得多緊實，從而更了解每種植物的土壤狀況。

　　還記得前面關於苗圃、野外和住家環境的那幾張圖嗎？苗圃的網格狀工作檯以及野外的昆蟲都有助於土壤通氣。而在你家裡，能為植物土壤通氣的只有你了。在大自然中，植物根部很習慣充滿活力的根圈生態，相較之下，住在你家裡的容器真是無聊得要命啊。

　　你可以用一根筷子或戳棒，在距離植物主藤一小段距離（半吋以上）的土壤表面輕輕戳孔，一邊戳一邊感覺土壤的硬度。累積一些經驗後，你就能分辨土壤的乾溼度。溼潤的土

壤會沾附在戳棒上；微溼的土壤柔軟；乾燥的土壤硬脆，甚至緊實。你還要試著判斷土壤有多緊實，再決定要鬆土到什麼程度。把土壤想成一個圓柱體，通氣的目的則是要把這個圓柱體分解成小碎片，方便空氣和水滲入。珍珠岩、蛭石和粗砂只能被動幫助土壤通氣，而我們可以主動管理土壤結構，用根筷子戳一些氣孔，就像野外的昆蟲和蠕蟲鑽的那些洞，能有效地為土壤通氣。

為土壤通氣時有一個很實用的經驗法則：植物喜歡均勻溼潤、空氣流通的土壤。有些植物偏愛在每次澆水之間有一段乾燥期，這種植物能忍受較為硬實的土壤，可是因為沒那麼頻繁澆水，土壤很可能變得太緊實。這時最好在澆水前先為

土壤通氣，如此一來，暴露在空氣中的植物根部周圍，也會隨著有水流入而重新填滿土壤。

有些植物會生出厚實的塊莖或球莖，為這些植物的土壤戳洞要特別小心，不要戳到塊莖或球莖，雖然它們會快速重生。這類植物包括美鐵芋、酢漿草、吊蘭、文竹和球根秋海棠（看名字就知道了吧！）。

上圖：筷子是很好的通氣工具。

澆水難題

沒有排水孔的花盆：

對於種在封閉容器內的植物，我們需要調整澆水策略。首先，切勿在容器底部鋪一層礫石，免得水分積滯其中。在一個沒有新鮮空氣的空間中，凝滯不動的水是細菌的溫床，而細菌會腐壞植物根部。所以說與其弄個排水層，不如確保植物光照足夠，能自行生長並吸收掉土壤裡的水分。至於澆水的量，小心不要超過土壤體積的三分之一；土壤就像一塊海綿，能夠容納的水分有限，一旦澆的水超過上限，植物就只能在泥水裡游泳了。如果是多肉植物或仙人掌，澆水量可以再減至土壤總體積的四分之一、甚至五分之一。澆水後靜待土壤吸入所有水分，植物根部便會在有可能腐爛前將水分用完。

沉重的大型植物：

你無法把大型植物搬到水槽裡，也不會希望水淹到地板上。一看到水分沉積在花盆底下的接水盆，就請停止澆水。你可以準備一個膠頭滴管，汲取花盆排出來的水，因為水溢出接水盤的速度可能比你想的快上許多。如果花盆沒有排水孔，那就必須根據土壤體積估算澆水量。無論有沒有排水孔，都要慢慢澆，讓每一塊土壤盡可能吸滿水分。澆水速度若很快，水往往會流經土壤顆粒，來不及弄溼土壤。

澆水算法：判斷何時澆水

知道何時該澆水，意味著你懂得特定植物喜歡的土壤溼潤度：

植物喜歡均勻溼潤的土壤：

土壤應永遠保持均勻溼潤。一看到土壤表面變乾，就要澆水。像是鐵線蕨、網紋草與白鶴芋等植物，都喜歡均勻溼潤的土壤。它們大多是薄葉植物。

植物喜歡局部乾燥的土壤：

土壤表面向下一、兩吋的深度應任其乾燥。室內觀葉植物多屬此類。

植物喜歡完全乾燥的土壤：

應等土壤完全乾燥後再澆水。仙人掌、多肉植物及厚葉室內植物喜歡完全乾燥的土壤，因為它們體內就儲存了光合作用所需的水分。

請記住：不論哪一種澆水技巧，都只適用於明顯有在生長的植物。如果日常光照強度低於 100 呎燭，即使是最耐陰的「低光照」植物，都會因為根部腐爛而亡！

黃金葛測試

　　你想在室內植物「有需要的時候」幫它澆水，但此時明顯有個問題：植物什麼時候有需要呢？我們用一盆生機勃勃的黃金葛來做個實驗（請見下一頁）。首先，將它放在有明亮間接光線的地方——比如說白天最高超過 200 呎燭之處。你可以看到它的葉子很有彈性，代表水分恰好充足。用筷子四處輕戳它的土壤，去感覺這種均勻溼潤的土壤。將這盆黃金葛放在那裡生長，幾天後，觀察葉子失去多少彈性，再用筷子探測一下土壤，這次大概會有一些乾土塊。這時候就該補水了，但是為了實驗，我們先不澆水。再等一、兩天，葉子會明顯枯萎下垂。再次用筷子探測土壤，應該會更乾硬緊實。過去幾天發生了什麼事？植物不斷吸收土壤裡的水分，運往葉片，其中一些水分會與二氧化碳結合產生糖分。在這個過程中，土壤顆粒會被拉往植物根部，等真正被吸乾後，就會凝結成硬土塊。到這個程度，如果只是倒一些水在土壤上，並不能讓所有已形成的乾土塊都吸滿水分。就這棵黃金葛而言，未來你只要看到葉子下垂這個徵兆，就知道該澆水了。黃金葛因為耐力強，所以經得住這個實驗，但有些植物比較敏感，一枯萎就難以挽救，例如鐵線蕨，土壤只不過乾燥一天，葉子就會受到永久損傷。像這樣的植物，我們不能從植物本身觀察土壤是否乾燥，而是應該直接檢查土壤。

　　另外還有很多室內植物也不能做這個實驗，例如虎尾蘭和美鐵芋，即使土壤完全乾燥也不會枯萎，如果真的等到它們出現枯萎的跡象，那已經是半死不活了。為這類植物澆水時，我們的目標不是保持土壤均勻溼潤，而是等土壤乾透再徹底澆水（當然也要通氣）。

左圖：這株「大理石皇后」黃金葛的葉片從挺拔變得垂頭喪氣。經過多少時間才會發生這樣的變化，取決於幾項因素——光照、溫度和溼度。所以最保險的做法，還是觀察土壤和葉片的狀態再澆水。

適應良好的植物

講解完光照和澆水，接下來我們要看看這兩者如何影響植物生長。下面的插圖可以幫助你了解光照、澆水以及最重要的：植物適應過程。

植物 A　　　　植物 B

情境

　　你從花市苗圃買了兩盆一樣的植物帶回家中，其中一盆放的位置比另一盆離窗邊近，但你按照店家的囑咐，每週都為它們澆一次水。植物 A 很幸運，剛好一個星期土壤就乾燥到需要澆水，土壤從溼到乾的週期約為一週，所以它能維持健康，只是到最後階段，最老的葉子轉黃了──八成是因為新家的光照量不及苗圃，植物適應新環境的結果。

　　植物 B 的日子就沒那麼順利了；它離窗邊遠一些，等於接收到的光照量少許多。可是你任意地把星期日設定為澆水日，便持續同時為植物 B 與植物 A 澆水。你可以看到在一週之內，植物 B 的土壤並沒有乾得那麼快。你每次澆下去的水，都使土壤更溼潤，但水分並沒有被植物吸收來產生碳水化合物，因為那需要更多光照──植物 B **還是**有行一些光合作用，可是不多。根部送往葉子的水分反而滯留在葉片中直到細胞破裂，造成葉尖焦枯。長此以往，根部很容易腐爛，導致整株植物凋謝而亡。這就是過度澆水──土壤在低光照環境下長久過溼。

習得經驗

　　不要盲目遵循別人說的澆水週期。你應該觀察土壤狀態，並了解特定植物喜歡的土壤溼潤度，再決定要不要澆水。

植物 A　　　　　植物 B

情境

　　你已經知道如何觀察土壤來決定澆水時機，也調整了澆水的頻率。假設植物 A 的土壤大約一週達到適當的乾燥度，而離窗邊稍遠的植物 B 要兩週才能讓土壤一樣乾燥。現在你會按照它們由溼到乾的不同週期分別澆水，也了解了光照強度的差異會影響澆水時間的間隔。

　　隨著時間過去，奇怪的是植物 B 掉的葉子還是比植物 A 更多。這是適應期帶來的影響。你從花市苗圃剛買回家的植物枝繁葉茂，那是因為它們在具備快速生長條件的環境裡生長了好幾個月（甚至好幾年）。現在換到室內，它們為了適應較低的光照度，葉子必須汰舊換新。道理正如同你不會浪費精力，在沒有太多陽光的地方安裝一大堆太陽能面板。或許很多人會覺得植物 B 不健康，但我覺得它只是配合環境做了調整。雖然只頂著稀疏兩、三片葉子，它依然能活很多年——那只不過是它最適合新環境的樣子。所以，從苗圃買回來欣欣向榮的植物，移居到室內無窗的角落，總是會瘦一大圈——畢竟它得縮衣節食。

習得經驗

　　植物會順應環境自我調整，雖然結果可能不太美觀。這兩盆植物只是配合獲得的光照，盡可能活出最好的樣子。

植物 A   植物 B

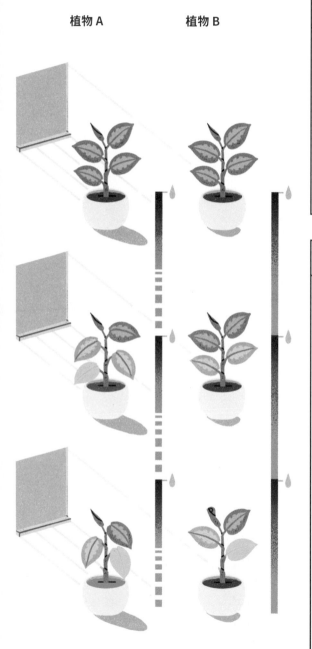

　　假設你想偷懶,決定按照植物 B 的頻率,每兩週一次為兩盆植物澆水。植物 A 行光合作用的速度較快,土壤也乾得更快。當盆土變得非常乾燥,結構也會變得很緊實。你澆下去的水並不能滲入花盆裡形成的一些乾土塊中,以致即使澆了水,植物依然枯萎。繼續按照這個週期澆水,除非重新恢復良好土壤結構,否則這些硬實的土壤還是補充不到水分。土壤長久乾硬也會阻礙植物生長。

習得經驗

　　要管理土壤,就要了解澆到土壤的水會怎麼流。而且,植物獲得的光照越強,越要頻繁澆水。土壤若變得緊實,澆水前要先通氣,水分才能均勻散布。

　　植物適應新家的改變,常讓許多園藝新手誤以為它快死了,殊不知植物脫了老葉,才有利於再生新葉。給植物足夠的時間,它落掉的葉子會再長回來,達到一個平衡點——這代表植物已經適應新環境,但並不意味著它的外觀不會再變化。大多數觀葉植物尤其如此,因為它們不會進入真正的休眠期,當所有葉片凋落,新的葉子將在下一季從塊莖或球莖中生長出來。

　　說到這裡,希望你已經明白為什麼「不要過度澆水」不是實用的建議。這種說法只是讓你更不敢澆水,更不能坦然面對植物的生命變化。只要確保植物能獲得適當的光照、根據它的偏好適時澆水、做好土壤結構管理,偶而為土壤通氣以免結塊,植物就能快樂生長。

　　放寬心胸,接受大自然的重點是生存,而非符合你的審美標準,你將會有一趟愉悅的植物照顧者之旅。

8. 修剪、繁殖和換盆

關於「照顧」植物，可以做的事情很多。這一章我將解說所有植物照顧者都應該知道的一些實用做法。我編了幾句好記的口訣：

要讓植物高興：

- 一週：每天有光照和黑暗的時間。
- 一個月：土壤保持適當溼度並通氣。
- 數個月：除去壞死物質。
- 一年：施肥並修剪（視情況）。
- 數年：換盆。

　　我們前面講解了光照和土壤管理，包括測量光照度、澆水、土壤通氣和施肥。現在我們來聊聊修剪、繁殖和換盆這些後期照顧程序。

對頁圖：同一個品種的植物，種在室內會比在野外生長相對來的小，所以修剪後的變化很明顯（比方說，修剪一棵樹可能不太明顯）。不過只要一段時間，在適當的生長條件下，植物修剪處便會繼續生長，就像這株龍血樹。種植者便常利用植物的這個特性，培育我們喜愛且熟悉的許多室內植物的分株。

修剪

　　修剪植物大致上是要將某些莖剪短以保持理想形狀，並（或）刺激分枝生長。並非所有室內植物都需要修剪，但有些植物（例如翡翠木）若不修剪，葉子長得太多會把莖壓彎或折斷。修剪通常是基於審美標準——你可以讓植物長成你喜歡的樣子。

分根和短匐莖

　　基本上，分根就是把一株植物從根部分為兩株較小的植物。像是蕨類、白鶴芋、吊蘭和虎尾蘭這類枝繁葉茂的植物，都很適合分根。分根的方法是用一把乾淨鋒利的刀子，把植物根球切成兩半，再將分好的植株種入尺寸適當的花盆裡。分好根的植物就跟剛換盆的植物一樣，應放在明亮的間接光線下（不能陽光直晒），土壤則要保持均勻溼潤。剛開始，兩株植物看起來就是分成一半的樣子，但隨著根部重新長齊，葉子也會重新長滿。

　　有時候你會看到某些植物（例如虎尾蘭和鏡面草）的主莖不遠之處長出一個它的迷你複製版（稱為「短匐莖」），等它長到主莖三分一之大時，你可以將整株植物從花盆裡取出，用一把鋒利的刀切下短匐莖，再將短匐莖與主莖分別栽入不同花盆。

繁殖

想知道植物如何發育，進行繁殖實驗是個好方法，但不要指望你繁殖出來的植物能夠像苗圃買回來的一樣好（除非你家裡有溫室，那就另當別論了）。接下來我們要好好談談如何進行扦插繁殖，包括莖插和葉插。

上圖： 繁殖植物絕對是植物照顧者的重要樂趣，市面上有這種專門的容器，而且造型優雅。

莖插：　　　　莖插應該是兩種扦插方法中比較簡單的一種，基本上就是從植物主莖切下一部分，等它生根後再移植到土壤裡。黃金葛和蔓綠絨等藤蔓類植物特別適合做莖插。莖在生出新根前要浸在水中，這樣才能維持莖的生命。

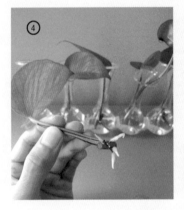

① 準備好要剪莖的「黃金葛」和「白金葛」。

② 將主藤剪成好幾段，每一段須包含根瘤、莖和葉子。

③ 多餘的主藤和損壞的葉子沒有用處，可以丟棄。

④ 幾個星期後，莖會生出新根。等到新根長達一吋時，就可以將它們移植到小花盆裡。

⑤ 把莖浸在水裡生根，可以觀察莖發育的過程，而且展示在各種玻璃器皿裡也別有意趣——如果有好看的玻璃瓶不妨留存起來，回收利用果醬瓶子和實驗室玻璃器皿也很有意思。

葉插：

多肉植物主人最喜歡葉插繁殖，方法是從植株取一片健康的葉子，放在乾燥的表面上一到兩天，等切口處結痂後，再放回溼潤的砂質土上（也可以放回原本的花盆）。幾個月後，這片葉子將會長成一株新的植物。你曾經不慎碰斷多肉植物的葉子嗎？如果葉子掉在土壤或窗台上，幾週後你會看到它長出嫩根，甚至看起來就像一株迷你植物。

① 從翡翠木剪下的許多葉片，在混合了泥炭苔、珍珠岩和粗砂的盆栽土裡發根。

② 玉綴是一種藤本多肉植物。你可以取一些葉子放在溼潤的砂質土上，等上幾個月或一年……

③ ……然後就能從頭再來一次。

④ 另一種葉插繁殖方法是切下一段葉子，把切面埋進土裡。每一條葉脈都有可能生根，長成一株新植物。這個方法適用於椒草（上圖所示）、虎尾蘭及秋海棠。

通用的繁殖祕訣

· 盡可能選用最鋒利乾淨的刀子（園藝剪）。

· 莖插浸泡的水如果變得混濁，須換上乾淨的水。

· 切下來的插條不能直晒太陽，任何等級的間接光線都可以。

· 插條最好放在暖和的地方。一般室內植物在溫暖的溫度下容易生根。

· 耐心等候。將插條移植到土壤後，需要等上好幾週或好幾個月，才能成長為可供觀賞的植物。

換土（換盆和追肥）

換盆或不換盆？這是我長久以來反覆面對的決定。有些人剛從苗圃買一盆植物回家，覺得隨附的「便宜塑膠盆」一定不行，就興沖沖地決定換盆，殊不知這種塑膠盆才是土壤管理的最佳選擇。也有些人想要換盆，但是從來沒有付諸行動，直到為時已晚——植物看起來已經沒救了（觀賞壽命終結），不值得浪費時間和精力。就在你猶豫不決（或拖拖拉拉）的時候，植物的根持續生長，但在花盆裡無處可去，唯一的出路是花盆底部的排水孔。大約一年後，植物根部會在花盆底部盤根錯節，占滿整個花盆。如果出現以下狀況，就代表該換盆了：

- 植物根部從花盆頂端或底部冒出來，或是在花盆底部緊密結成一團。

- 土壤一年以上沒換過（營養流失）。

- 土壤緊實到鬆不開。

- 土壤分解，淋溼後仍無法黏結。

- 植物在盆裡的高度不恰當。

除了這些肉眼可見的狀況，植物在同一個花盆裡生長多久了，也應該納入考量。如果發生上述任一狀況，代表植物在同一塊土壤裡生長起碼一年了。所以當你考慮換盆時，先觀察有沒有出現上述狀況，同時想想同一盆土使用多久了。如果終究還是對換盆猶豫不決，最安全的做法就是先追肥。你可以先移除花盆裡土壤上層的一些舊土（表面向下約一到三吋），再回添排水性相似的新土。輕輕將新土與舊土稍微拌勻（不必非常均勻），這樣新土壤中的養分就會漸漸釋放到植物根部去。

花盆大小：很多人都以為花盆越大越好，這樣有更多空間讓植物根部舒展。然而一般說來，稍微擁擠比過度寬鬆來得好。主要原因在於，根部占據越多的土壤體積越好，這樣才能盡量吸收所有澆到土壤裡的水分。植物根部未觸及的土塊，乾得比較慢，而長期溼潤又缺乏對外流通的土壤環境，很容易成為根腐病菌的溫床。

植物的根部一旦占滿盆底，換盆時務必要小心理順糾結之處。過程中難免會弄斷幾條根，但是重新長出來的會更結實。最好趁土壤較乾燥時進行換盆。

為植物換盆

把植物從花盆裡拿出來時，可以趁機做一些有用的保養工作，確保植物能盡快順利地重新扎根。

1-2.

將植物從花盆取出：如果是苗圃隨附的塑膠花盆，你可以輕輕擠壓花盆底部，同時小心取出整株植物。至於質地硬實的花盆，則可以用小泥鏟將植物的根球與花盆邊緣分開，一邊將植株拉出花盆。

3.

檢查有沒有腐壞的根──移除所有呈現深棕色或黑色糊狀的根。

4.

用筷子輕輕梳開根球，盡量將根理順，避免將根弄斷（不過弄斷了也

沒關係）。比較重要的是解開糾結的根球，讓植物在新土壤裡更容易重新扎根。

5.

取一塊景觀布蓋住排水孔，比用一塊碎陶片好。只要買一捲景觀布，可以用上好幾年，而且便宜又能透水。畢竟誰家裡沒事就有碎陶片？

6-7.

在花盆底部填一些土，輕輕往下夯實，讓土有點緊實感。這層底土的高度，應該要讓植物栽下去後，土壤線與花盆頂部距離約半吋。這樣澆水比較方便，因為可以讓水先積在土壤表面，慢慢往下滲透，確保水分均勻分布。

8.

將植物放在花盆中央，然後沿著根球周圍，用小泥鏟或小勺子，將土壤填入花盆。你可以輕輕搖晃花盆，將土壤搖到根球裡，讓植物根部之間的空隙都被土壤填滿。

9.

繼續一邊填土並輕搖花盆，直到抵達花盆頂端。然後輕輕將土壤下壓，此時土壤線應該會與花盆頂部距離至少半吋。我用窗簾綁帶將葉子箍在一起，這樣在填土的時候比較容易觀察土壤線。

10.

如果土壤線齊平或超過花盆頂端，澆水將會變得很麻煩，因為有些水會順著土壤表面挾帶一些土壤顆粒流出花盆，弄得到處都是。每次換

盆時，最後的土壤表面最好與花盆頂部距離至少半吋，這樣才有空間讓積水慢慢滲透到土壤裡面。

11.

將換好盆的盆栽放到水槽或方便排水的地方，仔細徹底地澆水。澆好水後，把盆栽移到可以看到最多天空的地方，但不要讓陽光直晒。要讓換好盆的植物得到明亮間接的光線，但不要被直晒的陽光晒傷。等到下次需要澆水時，就可以移回換盆前原本的位置。

9. 害蟲

植物種在室內很容易生害蟲，因為沒有天敵，而且很難發現，尤其是缺乏經驗的園藝新手，幾乎不會注意到。你可能會根據植物的年齡、稀有度、更換成本和（或）情感價值，以及蟲害嚴重程度來決定是否值得花時間挽救，還是乾脆丟掉以免家裡別的植物也受到影響。只能說，有得必有失。

對頁圖：這株翡翠木受到粉介殼蟲侵害，被修掉了許多枝葉，除蟲之餘也能刺激生長，算是一舉兩得。

預防

　　第一道防線是不要把有蟲害的植物帶回家，所以在苗圃或花店物色植物時，最好先仔細檢查葉子底下或土壤表面有沒有本章描述的蟲害癥狀。多數信譽好的苗圃或花店通常會每天巡查庫存的植物，一有蟲害的苗頭便立刻消滅。如果是其他地方買來的植物，剛入手時看起來可能也很鮮嫩健康，但過了幾個星期，植物因為適應環境而變得衰弱，就會比較容易受到蟲害侵襲。

　　不幸的是，不論我們帶回家前如何仔細檢查，依然可能有蟲害。蟲卵常會休眠潛伏，等待合適的條件（例如植物變得衰弱）便伺機而動開始孵化。所以一般而言，在適當澆水量和充足光照下生長的健康植物，對於害蟲較有抵抗力。

　　室內植物如果生了害蟲，很容易散播，因為室內環境穩定且缺乏天敵。因此一旦發現某一株植物生了害蟲，不論大小都要立刻與其他植物隔離。不論是對葉面噴藥或是直接殺掉害蟲，最好在遠離其他植物的戶外或大水槽內進行除蟲。

一般蟲害防治方法

　　接下來要介紹一般的蟲害防治法。不論你選擇哪一種方法，有一點是共通的：除蟲時要由上而下，從最外面的葉子到最裡面的葉子，這樣可以盡量避免害蟲逃到植物的其他部位，成為漏網之蟲。

修剪：

大部分的害蟲行動緩慢，喜歡聚集在新生的葉片尖端，所以只要修掉這些葉尖，就能除掉一大堆害蟲。

對葉面噴灑混合水：

不要奢望能一舉殲滅所有感染。害蟲卵對於物理性的攻擊有極強的抵抗力，所以我們要做好長期抗戰的心理準備，每隔一段時間進行除蟲，將害蟲控制在一定數量以下就行了，不必試圖徹底根除牠們。

換土：

要防治土壤裡的害蟲，盡可能換掉最多的土壤，是個好方法。其實這就等於定期換盆，只是要丟掉的土壤比較多，最好直接在垃圾袋裡面進行。

室內植物常見害蟲（依危害程度由輕到重排列）

蕈蚊

我們一發現蕈蚊，通常已經是成蟲了；蕈蚊成蟲就是我們擺弄植物時，在植物周遭飛舞的那些小黑蠅。蕈蚊的幼蟲是銀色的，長度不到 1 公釐，我們看得見牠們在土壤周圍爬動，尤其是剛澆水後特別明顯。牠們喜歡潮溼、含有豐富堆肥的土壤——牠們以真菌為食，名字也由此而來。

危害： 蕈蚊並不會對室內植物造成真正的危害，只是看起來討人厭。偶而看到幾隻蕈蚊其實不必擔心。

防治： 我們可以用黃色黏蟲紙或一碗肥皂水來捕獲蕈蚊成蟲。如果在土壤裡發現銀色的蕈蚊幼蟲，可以把那一塊土壤挖起來，連同上層土壤一起丟掉，或是乾脆為植物換盆。再不然，可以避免使用含堆肥（腐爛有機物）的土壤，例如選擇標有「無土混合物」的盆栽介質，裡面通常只有泥炭苔和珍珠岩。但要注意，因為沒有堆肥，所以需要使用肥料來補充養分。

上圖：一隻蕈蚊在馬拉巴栗上。

薊馬

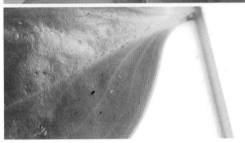

薊馬成蟲為深棕色，受到驚擾會爬走。幼蟲呈半透明黃色，你可能會發現牠們在葉片表面爬行。

危害： 會吃掉葉子表面，留下變色斑塊。

防治： 一旦在葉子上發現透明幼蟲，請立即用沾了肥皂水的紙巾擦掉。如果一片葉子上有超多幼蟲，直接剪掉這片葉子比較保險。場地若適當，將園藝油（horticultural oil）噴灑在葉子上好幾輪，也很有效。

上圖：一隻薊馬成蟲在霓虹黃金葛上——請注意葉子上的半透明斑塊，就是被薊馬吃掉的部分。

下圖：半透明黃色的是薊馬幼蟲，體型比中間深色成蟲稍微小一點。

粉介殼蟲

成蟲有觸角，受到驚擾會非常緩慢地爬開。蟲卵和幼蟲會藏在植物的裂縫中。在葉子上看到的白粉狀團塊或微小白色斑點，就是粉介殼蟲。

危害：粉介殼蟲會從整個植株、尤其是新生的部分吸取富含糖分的汁液。隨著粉介殼蟲不停繁殖且不斷進食，植物最終將虛弱而亡。

防治：粉介殼蟲很顯眼，一旦發現植物上面有粉白團塊，就要檢查整株植物。例如翡翠木這類容易修剪的植物，可以先剪掉大多數有蟲害的部分，然後用蘸有酒精的棉籤輕輕擦拭剩下的蟲子，即可殺死牠們。葉子厚實的植物，通常能承受酒精造成的乾燥，但是葉子較薄的植物（例如網紋草），就只能用鑷子慢慢夾除蟲子了。

上圖：翡翠木上的粉介殼蟲。

葉蟎

如果你家裡空氣乾燥，請注意日照處的植物葉縫有沒有細網。如果有，細看之下應該會發現微小的黃色或淺棕色昆蟲（小於1公釐）。

危害：葉蟎會吸食植物產生的珍貴汁液。植物的新芽受到葉蟎攻擊後，葉子會畸形變色。如果不加以控制，葉蟎會殘害一整株植物，並散播到你家裡的其他植物上！

防治：剪掉蟲害嚴重的莖葉，即可除掉大部分的葉蟎，因為牠們喜歡植物柔軟鮮嫩的部分——就當作是強制修剪吧。接下來，將買來的園藝油、苦楝油或橄欖皂（非洗碗劑）混合自來水（如果自來水的水質特別硬，請改用蒸餾水）裝入噴霧瓶內，比例是一湯匙的油配上一夸脫的水。水要微溫。噴灑前，我會先用塑膠袋蓋住土壤表面，以免葉蟎落回土壤。用自製的混合劑均勻噴灑整株植物，靜置一小時左右再灑水沖掉。這個噴灑程序可能要來回好幾次，因為葉蟎的卵極小，可能深藏在植物各處裂縫和縫隙中，所以很難完全根除。

介殼蟲

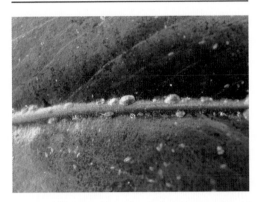

如果你看到植物莖葉上有靜止不動群聚的黑色或棕色斑點，那就是介殼蟲。年輕的介殼蟲爬行得很緩慢，可以看見牠們的腿。牠們會找到合適位置停下來，築成一個保護圓頂。

危害：如同葉蟎，介殼蟲會吸食植物的汁液。原本的葉子將被褐色腫塊覆蓋，嚴重的話，會殺死整株植物，可是早在走到這個地步之前，你應該就會想把植物丟了。

防治：介殼蟲大多靜止不動，所以修剪是很有效的方法，此外也可以用蘸有酒精的棉籤，擦拭定點上的蟲子來殺死牠們。至於植物的剩餘部位，可以用前面與防治葉蟎相同配方的噴霧，每週噴灑一次，間歇做定點除蟲。如果覺得麻煩，可以考慮丟掉整盆植物——畢竟這種害蟲很難根除，可能不值得考驗你的耐心。

上圖：龜背芋葉子上的介殼蟲。

對頁上圖：火炬龍血樹上的葉蟎。

上圖：葉子背面有顆粒狀斑塊，這是葉蟎蟲害的典型特徵。

10. 採買室內植物

「這種植物要去哪裡買？」像這樣的問題我總是難以回答。我的植物都是不同時間在不同店家買來的。因為植物品種繁多，苗圃或花店通常會輪流供貨。你家當地的苗圃會向大批發商進口當時供應的植物幼苗，栽種到合適大小後再販售。

因為如此，我經常造訪我家附近的苗圃，碰碰運氣，看能不能遇到有趣的品種可以帶回家。如果你心儀特定品種，不妨問問店員有沒有貨，要是剛好很多人詢問，店家或許會考慮進貨。採購植物時，有很多種店家可以選擇，大致介紹如下。

對頁圖：苗圃大採購。

左上圖：苗圃有著令人驚嘆的眾多室內植物品種。

右上圖：植物交換商店：想要以經濟實惠的方式獲得新植物，可以在植物交換商店和別人交換植物切下來的插條，而且與其他植物照顧者聊天總是很有趣。

左中圖：我在苗圃挑孤植時常常陷入選擇障礙。我要花好幾個小時才能看完這一大批玉綴。

右中圖：這株花葉萬年青是「好人家可免費收養」。

左圖：精選植物專賣店的展示方法一向很吸引人。

苗圃：苗圃通常有最多種類的植物。如果你想尋找某種植物的優良孤植，苗圃是最好的選擇。苗圃裡的植物會比零售店內缺乏光照數週的植物更健康強壯，而且苗圃有最佳生長條件和專心照顧植物的員工。

精選植物專賣店：這類商店的員工大多是植物愛好者，不論你買多買少，他們都很樂意為你挑選。小小的店面，裝潢卻充滿創意魅力，有助於你想像盆栽植物擺在自己家中的樣子。而且他們經常會有當地藝術家手工獨創的各式花盆。

大賣場：大賣場的植物價格便宜，而且種類出奇多樣。可惜的是分配給植物的空間通常沒有足夠光照，所以這些植物將緩慢死亡（大賣場的植物在澆完水後，往往會從根部開始腐爛）。如果趁新鮮買走，等於是救了植物一命。不過也有例外，有些大賣場附設園藝中心，一般從春天營業到秋天，光照充足，適合植物在等待被買走時持續生長。如果你想買常見植物的優良孤植，到此類大賣場應該可以便宜入手。

雜貨店：植物商品大致與大賣場相同，不過選擇通常沒那麼多。

便利商店：我覺得似乎許多便利商店老闆也是植物愛好者。便利商店顧名思義就是位置方便，雖然植物品項可能很少，但可能剛好會有你想要的植物。

分類廣告：有些植物主人不想再照顧養了多年的植物——對他們而言，這些植物的觀賞壽命已經告終。他們會刊登廣告徵求新主人，「好人家可免費收養」。只要懂得修剪和換盆，收養這些植物不失為添加自家植物收藏的省錢方法。還有一個額外好處，那就是收養來的植物通常長得很有特色，因為植物總會反映出它們的生長環境和獲得的照顧水平。但要注意的是，小心不要把遭到蟲害的植物帶回家，畢竟被忽視、不健康的植物通常是害蟲的最愛。

網路上的交換／同好社群：與志同道合的植物照顧者相聚交流是個好玩的方式，可在輕鬆有趣的氣氛下擴展自己的植物相關知識，並參考別人怎麼照顧植物。在網路上很容易找到你當地願意交換植物插條和植物故事的植物愛好者。從插條開始培育植物是耐心的終極考驗，但是過程中獲得的經驗非常值得。

植物交換商店：想要以經濟實惠的方式獲得新植物，可以在植物交換商店和別人交換植物插條，而且與其他植物照顧者聊天總是很有趣。

社群媒體：這裡指的是零售商和供應商的社群媒體——你可以追蹤室內植物熱門帳號的動態消息，查看哪些圖片的互動數最高，這樣就能多加了解特定植物的供需狀況。我在寫這段文章時，熱門的室內植物有琴葉榕、龜背芋和鏡面草。

植物採購小訣竅

左圖：回家囉。
對頁圖：這些幼苗還要在苗圃多待一些時間。

偵查害蟲：無論在哪裡採購，先別忙著物色植株，首先要將整個場地檢查一遍。任何害蟲都是危險信號——一株孤植再怎麼誘人，若發現害蟲，還是忍痛離開吧！把有蟲害的植物帶回家很危險，害蟲可能會入侵你家裡其他健康的植物。

買你現在想要的大小：請記得，苗圃是高強度的植物訓練場，擁有培育高品質孤植所需的環境條件。從苗圃將一株漂亮的植物帶回家，如果一年後能保持差不多完整，就算是一種成就了。所以說，你想要多大尺寸的植物，最好直接挑選那個尺寸。如果你願意冒險，可以挑選稍微小一點的，試試看它能不能長到你想要的大小。不過，可別期望一盆四吋的龍血樹，可以長成像旁邊那盆八吋的龍血樹。

帶植物回家：用車子把植物載回家時，關鍵在於固定好植物，避免葉片損傷。你可以禮貌地詢問苗圃店員，他們通常會提供箱子或植物托盤。

11. 實用工具

工欲善其事，必先利其器。使用正確的工具能讓任何雜活變得更輕鬆愉快。發現日常生活用品的另類用途也很有趣——就像千禧世代喜歡說的「駭客」（Hack，類似破解方法的概念）。

① 澆水壺

現在你知道家裡每一種植物需要的澆水量了，差不多該投資一個不錯的澆水壺。澆水壺要選長嘴的，才好操控水流方向，繞經葉片的底部和周圍。另外要確認澆水壺的大小，可以塞進水槽水龍頭底下。造型勻稱的長嘴澆水壺相當賞心悅目，你可能甚至會想收藏好幾個，分置於各個種植空間。

② 筷子／通氣工具

我發現筷子是很棒的土壤通氣工具，因為鈍鈍的頭比較不會在通氣時戳傷植物根部。不鏽鋼材質比木筷或免洗筷耐用，澆水幾個月後木筷或免洗筷會爛掉。我習慣在好幾盆植物裡插幾根筷子，隨時觸手可及。

③ 長柄剪

長度和精準度優良的剪刀，剪除枯葉時才會輕鬆順手。

④ 膠頭滴管

為大型盆栽澆水時，你可以用膠頭滴管立即吸出溢流到接水盤的水——無須辛苦地將沉重盆栽抬起來，或眼睜睜看著水漫到地板上而束手無策。

對頁圖說

1. 小一點的澆水壺，放得進傳統浴室水槽的水龍頭底下。
2. 筷子和虎尾蘭。
3. 整理一株白鶴芋。
4. 防治洪水。
5. 將白鶴芋葉子上的灰塵拭淨。
6. 洗澡日。
7. 一次為三株虎尾蘭澆水的簡單方法。
8. 移動一大盆斑葉白鶴芋。
9. 傾倒的龍血樹。
10. 植物整頓中。

⑤ 沾水紙巾和大塊海綿

葉片上堆積灰塵，光合作用及氣體交換的效率會降低。我會在葉子底下墊一大塊海綿，用沾水的紙巾擦拭葉子表面。在適當的支撐之下，可以更仔細地把葉子擦乾淨。

⑥ 氣壓式噴壺

如果想給植物淋浴，用浴室的蓮蓬頭會把水弄得到處都是。我發現一加侖或兩加侖的氣壓式噴壺可以高壓噴水並控制水量，是非常好用的工具。偶而給植物灑灑水，還能順便洗去葉子上的灰塵。

⑦ 小塑膠盆

我們常需要搬移植物，以便澆水或換盆。如果不想來回好幾趟，可以用小塑膠盆一次裝運好幾盆植物去澆水。而且換盆時，也不必擔心弄得整個桌面或地板都是土——在塑膠盆裡作業可以保持環境整潔。

⑧ 棕色包裝紙

載運植物時，需要把盆栽底部固定好，以免撞壞葉片。這時可以將棕色包裝紙揉成團，在花盆底部周圍塞緊。在這張照片中，我也用了棕色包裝紙做緩衝，免得葉子碰到座椅靠背。

⑨ 小掃把和畚斗

盆栽土灑出來在所難免。如果不想拿吸塵器，不妨準備一組小掃把和畚斗，隨手掃除灰塵泥土簡單又輕鬆。

⑩ 清潔專用工具提籃

你可以把所有園藝工具整理在一個清潔專用工具提籃中，隨時到處拿著走。

Part II
室內植物日誌

我身為室內園丁最有意義的收穫，就是深入認識了某些植物的生長特性。我的個人網誌「室內植物日誌」記錄了我每天為家裡植物拍攝的照片，以及我學到關於它們的知識。有很多室內植物相關書籍號稱收錄數百種植物簡介，但我決定挑選我最愛種植的一些植物，分享它們的故事。大家可以看到我的同一株植物數年來的變化，想像一下自己要是種了這種植物會經歷哪些過程。畢竟，觀察植物的生長和變化，是植物照顧者最欣慰的事。

日誌中的每一種植物，我都會分別敘述它們的生存策略和生長策略，前者教你如何幫助植物在光照不足的情況下盡可能生長，後者告訴你在明亮的間接光線下快樂生長的植物是什麼樣子。另外還有土壤管理祕訣和植物觀賞壽命的註記——你可以預期植物能維持美麗的外觀多久，之後又該怎麼辦。

接下來日誌中介紹的植物大多是我偏愛的熱帶植物；某些有眾多品種可嘗試，某些生長特性奇妙，某些一整天下來葉子忽高忽低，還有一些適合繁殖分享給別人。尺寸則從大到可以占據一整個房間，到小巧可愛的藤蔓都有。它們一起組成了一個迷人奧妙的世界，等著你去探索和學習。

等你更有信心，我精選的這些植物對你來說一定不夠看了，你將開始探尋更多新植物。假如家裡有陽光充足且直射的地方，或許你會一頭栽進仙人掌和多肉植物的世界。別忘了，植物整體照顧基礎原理適用於所有種類的植物。以為每一種植物都要有專屬的照顧方法，已經是過時的想法。新觀念是：植物有相同基本需求，照顧方法大同小異，只須視情況做一些微小改動。

龍血樹

龍血樹會從中央的莖或樹幹萌發新芽，新葉冒出時，較低較老的葉子會隨之枯萎。最常見的栽培方法是砍掉一段成熟的樹幹，就會從樹樁上長出三、四根新的莖。有些人會把這些樹幹交錯排列，形成美觀的落地植栽。也有人讓一、兩株龍血樹持續生長成一片灌木叢。至於小空間，則可將一棵成熟的樹幹切成幾個小樹樁，分開種植——植物具有驚人的生長能力，即使原本的植株大部分被切除，也能繼續發育。分生組織（可產生新莖的活性細胞部位）從休眠中甦醒後，便會發出新芽。

生存策略

我岳父家的龍血樹放在樓上完全沒窗戶的走廊起碼有十年。它的葉子長而窄，顏色是濃濃的深綠色。樓上的燈每晚最多亮四小時，我估計樹葉接收到的光照強度不超過 30 呎燭。但是我岳父顯然很懂得怎麼照顧它。它的土壤始終微溼、乾淨且通氣良好；有了這樣的條件，土壤裡的水分很快就被吸收掉了，根腐病細菌根本來不及滋生。如果你認為在陰暗的角落擺上一盆植物能增添一點「生機」，請記得植物也是生命，需要你的幫助才能維持生機。

對頁圖：這三株不同品種的龍血樹由高至低為：紅邊竹蕉、黃綠紋竹蕉（又名檸檬千年木）和銀線竹蕉。

長緩慢時，有作業空間的話不妨換盆，不能換盆的話也可以為土壤追肥。

觀賞壽命

龍血樹是最長壽的植物之一，而且能一直長高，大概幾年的時間就會高及天花板。屆時你可以砍掉一部分主幹，如果植物整體上是健康的，斷面處便會新長出兩到三個莖。龍血樹的整體形狀會因而大幅變化，但修枝的本意不就是調整植物形狀嗎？

生長策略

只要能接收到 100 呎燭光以上的光照，龍血樹就能緩慢成長，堪稱是「低光照」生存強者。如果增加光照，它的變化會很明顯：斑葉的顏色對比更強烈、底下的葉子減少掉落（雖然終究會掉落），而且植物高度每一年明顯增高。龍血樹能接受幾個小時的陽光直晒，但若晒上一整天陽光，葉子會變白。

土壤管理

龍血樹只要光照量適當，土壤不論乾燥或含水量飽和皆可，不過乾燥一點比較保險；換句話說，龍血樹不需要勤勞澆水——懶人福音！龍血樹買來時大多已經是大型盆栽，不太可能經常移動換地方澆水，所以最好定期為土壤通氣，幫助水分盡可能平均滲透。等一年或更長時間後，當你發現植物根部露出土壤表面或整體生

左上圖：這株火炬龍血樹的葉子呈現有趣的皺褶狀。如同所有龍血樹，它最下面的葉子最終會枯黃掉落——不過只要光照量足夠且正確澆水，不必太在意老葉自然掉落。

上圖：龍血樹栽培方式：枝幹交錯排列，每根枝幹都有幾個生長點。

照顧龍血樹的經驗談

龍血樹生長數年後，樹幹形態各有特色，彷彿在訴說一個偉大的故事：「想當年，這一處樹幹還沒彎曲時⋯⋯」轉動龍血樹的方向，樹幹會朝向窗戶生長。所以理論上，只要經常轉動龍血樹，就能創造出漂亮的螺旋形狀。

龍血樹樹幹上的線條或疤痕，是葉子曾經附著的位置。照片中的這株植物，在

右圖：老化的龍血樹葉子上會有辛勤工作的痕跡；例如這株黃綠紋竹蕉，葉尖呈現棕色是因為從土壤中吸收水分而累積了雜質。我並不期望植物如雕像般完美無瑕，它們過得開心快樂更重要，而這只要確保光照量足夠且正確澆水就能做到。

我手指處的疤痕間距較遠。粗略地估算一下葉子掉落的平均速度，這個間距很大的部分在三年前應該是植物的頂部。我猜測一下事實經過：我當時搬到新辦公室，把這株龍血樹放在明亮的窗戶前。在舊辦公室時，它就像一般辦公室植物，被放置在遠離窗戶的休息區，因此生長點會向外伸展以獲得更多光線，葉子也長得較慢，所以這部分的疤痕間距才會特別遠。

上圖：龍血樹若種得好，會長出花莖。但要注意花味刺鼻，而且會分泌黏稠汁液，弄得四處髒兮兮。

欣賞各種龍血樹葉子

你會發現龍血樹屬的葉子有豐富多樣的顏
色和圖案——深綠色、幾近紫色、紅邊、
皺褶、黃色斑紋,甚至是美麗的紅、綠、
白三色相間!

翡翠木

翡翠木有著飽滿的淚珠狀葉片，而且可能長成樹狀結構，因此長期以來一直是深受歡迎的室內植物。新剪下來的插條完全是綠色的，但照了幾年的明亮光線後，底下的莖會長出木質覆蓋物。

生存策略

如果白天的最高亮度在 100 到 300 呎燭之間，那麼新長出來的葉子不可能跟買來時原本就有的葉子一樣大。遠離窗戶的翡翠木不僅生長非常緩慢，莖也會比較長。在這樣的光照量下，翡翠木只能在生長點維持最少數量的葉子以勉強求生，老葉也會順應環境脫落。澆水時有幾點要注意：在這樣的光照下，如果讓土壤水分飽和，根部很可能會腐爛。明智之舉是在澆水後的一、兩天內，將翡翠木移至更明亮的地方。而且由於澆水間隔時間很長，土壤會變得緊實，所以要為土壤好好通氣，以利水分更均勻地滲入土壤。

對頁圖：翡翠木品種（自上而下順時針）：皺葉翡翠、手指狀葉片的花月、銀圓翡翠、標準純綠翡翠、金葉翡翠，以及中間的斑葉翡翠。

生長策略

光照量如果超過 500 呎燭，其中有幾小時的全日照，翡翠木將長得特別好。與剛接到家中時相比，新長出來莖會比較長，而你加以修剪後，很可能會在幾個月內新長出兩個莖。檢查翡翠木含水量的方法很簡單，輕輕擠壓葉子，如果結實豐滿便不需澆水。土壤完全乾燥時澆水最佳，但要是看到葉子起皺，還是要趕快澆水。

觀賞壽命

在適當的光照量下生長的翡翠木，觀賞幾十年沒問題。你可以大膽修剪，讓它長出更多新枝，而且不妨莖插繁殖和葉插繁殖都試試看，尤其當你的翡翠木夠大株，更能大膽實驗。長期照顧下來最常見的問題是土壤過於緊實，這可以藉由經常為土壤通氣或在必要時換盆來排解。換盆可以在春季進行，每兩年一次，如果你的翡翠木生長迅速，甚至需要每年換一次盆。翡翠木大多頭重腳輕，所以換盆時務必夯實莖周圍的土壤，或是視情況用木樁加以支撐，直到根系占滿新的容器。盆栽土應選用含有粗砂和珍珠岩成分，以利排水。至於比例，則根據花盆材質而定：塑膠花盆（保水性較佳）應摻入更多粗砂，陶土花盆（孔隙較多）則應摻入較少粗砂。

上圖：左邊是一小株斑葉翡翠木，右邊是將好幾株標準純綠翡翠木栽種在同一個花盆。

照顧翡翠木的觀察所得

左圖： 這株翡翠木極度乾渴，葉子扁掉且起皺。按照之前教過的方法浸泡土壤，幾天後葉子會恢復飽滿結實。

下圖： 翡翠木喜歡長時間乾燥的土壤，因此為土壤通氣特別重要。土壤要是變得太過密實，在你下次澆水時會阻礙水分流通。

上圖： 不必擔心最老的葉子變成褐色並掉落。

右圖： 翡翠木能承受全日照，但有些葉子會晒焦並褪色。

翡翠木品種

夕陽翡翠在全日照且稍微缺水的條件下，會顯現出美麗的橙色漸層。

修剪及繁殖翡翠木

左上圖：除了從生長點切下插條來繁殖，你還可以用一片葉子種成一株新植物。將葉子從枝條切下後，等切口結痂（通常需要幾天時間），再將它放在溼潤的砂土或仙人掌專用土壤上，然後就會變成圖中這個樣子。

上圖：如果想要樹狀的翡翠木，最好直接到苗圃買現成品，所有成長特訓都在苗圃裡完成了，你只需要稍加調整修剪，就能獲得一棵樹狀翡翠木。

上圖：琳琅滿目的莖葉插條——翡翠木主人的繁殖站總是如此忙碌。

右中圖：新長出來的翡翠木可以栽種在迷你花盆裡，很適合送給綠手指同好。

右下圖：翡翠木的莖只會向外長，一次冒出兩片葉子。修剪生長點即可刺激分枝發育（可用於繁殖）。如果在生長季節初期進行修剪，而且光照足夠，那麼幾週內切面就會冒出兩個新的生長點。對這株翡翠木進行強剪（剪除大部分帶葉子的莖）幾週後，它的葉子開始瘋狂生長，最外面的節點和最底下的節點都冒出新葉子。

袋鼠爪蕨

與波士頓腎蕨和澳洲劍蕨相比，袋鼠爪蕨的魅力不減，但它的枯葉容易清理多了。清理枯葉是身為植物照顧者不可避免的工作之一。袋鼠爪蕨的蕨葉每一片自成一個爪狀結構，枯葉很容易清理乾淨，不像波士頓腎蕨和澳洲劍蕨會留下一大堆小葉子。

生存策略

袋鼠爪蕨可以在低光照環境下生存，比方說 100 呎燭左右。但在低光照下它不太會生長，曾經茂密的葉子也將隨著老葉凋亡而變得稀疏。新葉長得很慢，而且結構大致較為簡單（沒有那麼多「爪子」）。你可以等土壤完全乾透再澆水，不過事前要用筷子為土壤通氣，讓水分均勻滲透。如果你最近才充分浸泡過盆栽土壤，請把盆栽移到陽光不會直晒（例如有掛著純白色窗帘）的窗邊，幾天後等植物狀態穩定，再移回原位。

生長策略

光照量如果在 200 呎燭以上（偶而甚至有陽光直晒），袋鼠爪蕨可能會長得很

狂野！在這樣的光照量下要長得好，只要有部分土壤乾掉就應澆水，不然葉子會明顯下垂。另外還要適度為土壤通氣，免得土壤過於緊實。看到新葉子冒出時可施肥。若有一段時間生長停滯，代表植物正在休息，暫時不要施肥。按照上述方法照顧一年左右，你應該會發現植物的毛狀根莖爬出了花盆，如果只有幾根可不必理

會，但要是占滿了花盆外面，那就要換盆了。盆栽土可以選泥炭苔加上珍珠岩（比例是5：1）。我家的袋鼠爪蕨還沒分過株，不過方法不難：用鋒利的刀子切開根球，再將分好的植株分別栽種到不同花盆即可。提醒你，分株時小心植物根部有很多毛刺。

照顧袋鼠爪蕨的觀察所得

① 第 1 日

我的辦公室給了我一筆植物採購預算，我恰巧看到這籃 8 吋的袋鼠爪蕨價格很划算。辦公室廚房有面南的大窗台，它很適合住在那裡。由於附近有很多高樓大廈，白天太陽多半被擋住了，這個窗台算是陰涼處，不過還是能看到一大片天空，平均仍有 300 呎燭的日照量，而且有些奇妙的時刻，太陽也能照進來。

② 2 個月

這些根莖正在尋找土壤！最新冒出的葉子（右下角）正是從沒有扎進土壤的根莖長出來的。

③ 5 個月

是換盆的時候了。重要的是把根球附近的舊土去除一些，讓新生的根能快點接觸到新的土壤。

④ 10 個月

這株爪蕨換到 12 吋的新盆幾個月後，我可以從它新生的茂密葉子看出它過得很快樂。

⑤ 1 年 7 個月

根莖再次冒出花盆尋找土壤了！

⑥ 2 年 5 個月

花盆外面的葉子長大長滿，蓋住整個花盆。回頭比對十個月時的照片，現在連花盆頂端的塑膠掛勾都看不見了！

袋鼠爪蕨葉片生長過程

①

這是一片新生的三指葉子;隨著植物成長,新冒出的葉子會生出更多「指」。但葉子成長過程不會再長出更多指:這片葉子永遠只有三指。

②

多樣化的葉形:七指葉子!

③

蕨類植物的葉子開始長出小疙瘩時,代表已經到了青春期。 幾週後,葉子背面長出孢子,這些孢子可以再繁殖出新的植物!

④

葉子表面:孢子形成初期。

⑤

葉子背面:成熟的孢子。

毬藻

介紹毬藻時，首先要澄清一件事：毬藻並不是苔蘚，而是長成球狀的藻類，之所以能維持球狀，是因為水流不斷沖刷之故。毬藻生長速度緩慢，根據統計其直徑每年約只生長 5 公釐，即使在野外自然生長也一樣。如果你想要多年不變的水生觀賞植物，毬藻是很好的選擇。

生存策略

毬藻在水中生存，所以最好完全遠離陽光直晒之處——如果過量曝晒，植物的某些部分可能會變成棕色。每日最高光照即使不到 100 呎燭，它們也能生存。不過，養久了水會混濁，需要不時換水——我通常只用水沖洗容器，以手稍微搓洗，不使用肥皂或清潔劑。

生長策略

毬藻生長相當緩慢，所以購買毬藻的人並不指望它能長得多大。一般來說，毬藻在 300-800 呎燭範圍的光照量下長得最好。再說一次，要記得避免陽光直晒，水濁了就要換水。

照顧毬藻的觀察所得

第 1 日

這是郵寄來的毬藻──沒錯，它們是裝在密封的塑膠袋裡，花了大約一個星期的時間運送到的。我把它們養在裝著淡水的玻璃罐裡。

6 個月

我剛收到毬藻時忘了量尺寸，真是失策。
今天量大顆的直徑為 55 公釐。

空氣鳳梨每個星期要洗一次澡，有時候我會挑較
小顆的和毬藻一起泡澡。由於毬藻的球形是靠水
流維持的，所以定期轉動它應該有幫助。話雖如
此，我也不知道從來不轉動毬藻會怎麼樣。

1 年

大顆的直徑現在有 59 公釐了，我猜每年
平均應該可以長 5 公釐。

馬拉巴栗

馬拉巴栗通常是將四根幼莖編織在一起生長。會這麼做是因為單一根莖只有三、四片葉子,稍顯稀疏,而把四根莖纏在一起,看起來就像一棵茂密的樹。

生存策略

新買來的馬拉巴栗如果放在光照不到 100 呎燭的地方,就別指望它能長出多少新枝葉,反倒要做好大部分下方的葉子將脫落、整棵樹變得稀疏的心理準備。馬拉巴栗的每一根莖有多少葉子,取決於獲得的光照量。請等到土壤完全乾燥,用筷子輕輕為土壤通氣後再澆水。如果

你不介意稀疏的樣子,馬拉巴栗在低光照下也能存活。

對頁圖:我喜歡看著植物在室內長時間生活後,發展出獨特的樣子。過去幾年我收養了朋友的這株馬拉巴栗,你可以觀察樹枝從編織的莖向上生長的姿態。

馬拉巴栗

觀賞壽命

馬拉巴栗的莖會一直往上長，上面有新葉，下面的老葉便會脫落。如果照顧得宜，給予適當光照並適度澆水，馬拉巴栗整體健康良好，修剪時可以剪到莖部，甚至只留下沒有樹葉的樹樁，仍能繼續生長。馬拉巴栗雖然在小花盆裡也能生長，但會變得頭重腳輕，所以馬拉巴栗長大後應該要換盆。如果不換盆，最好每年換一次土，盡量不要超過兩年才換。馬拉巴栗的壽命長，可以活很多年。

生長策略

光照量達 200 呎燭以上，馬拉巴栗將會生長出新枝葉。如果偶有陽光直射也很好。

土壤管理

馬拉巴栗似乎能適應各種溼度的土壤，所以等土壤完全乾燥再澆水，是最省力的方式。你可以用工具戳入土壤探測溼度，順便為土壤通氣。如果馬拉巴栗有生長跡象，再按照指示的施肥方法進行施肥。

照顧成熟的馬拉巴栗

隨著馬拉巴栗的莖自然長高，葉子的重量會把莖從纏繞結束的部位往下壓彎，最終你勢必要做出選擇……

一是將所有的莖綁在堅固的金屬桿上。

二是將莖修剪到你要的高度。你可以將一、兩根莖剪到纏繞結束處，幾個月內切口將冒出新的莖，等到新莖長出幾片葉子，再繼續修剪其他較長的莖。這樣交錯修剪，就不會只剩下怪異的樹樁。可留意一下從現存樹幹旁冒出來的新莖。

照顧馬拉巴栗的觀察所得

很難得看到只有一根莖的馬拉
巴栗——其實它原本有四根纏
在一起的莖，但在光線不足的便
利商店待上幾個月（也可能是幾
年）之後，只剩下一根莖存活，
所以我買的時候有打折！

左上圖：這些纏繞的莖看來在許多年前便決定各走各的路了。

左圖：我另一個朋友的馬拉巴栗，在朝北的大落地窗前一直長得很好，突然葉子開始變色，還分泌出透明的樹液。仔細檢查後，我發現有大規模感染的跡象。她家沒有後院，不方便噴藥，所以我建議她剪掉所有枝葉，只留下纏繞的樹樁，雖然看起來會有點怪，但植物整體看來是健康的。

右上圖：修剪掉所有的莖之後，才過了兩個月就長出許多新葉子！只要是健康的馬拉巴栗，你可以不斷修剪到只剩樹樁，讓新的莖生長出來。

龜背芋

很多人被它迷人的葉子形狀所吸引而把它帶回家，卻不知它內在有多「狂野」。龜背芋看似整齊乖巧，但它其實是葉片巨大、侵略性十足的藤本植物。你提供的長時間光照越強，它的葉子間距越短，整株植物也越發茂密，久而久之可以長成龐然大物。龜背芋葉片上有自然的孔洞和切口，普遍的解釋是為了抵禦雨水和強風才演進成如此，但根據研究結果證明，這是為了捕捉更多的光——就像一張網的孔洞越大，就能以較少材料覆蓋到較大的範圍。

生存策略

如果你家的龜背芋只能放在離窗戶一段距離的地方，可能會讓它優雅地餓著肚子，但不會死，除非你按照植物生長指南來照顧它。白天最亮的時候光照量若有 50-100 呎燭，龜背芋能勉強存活。另外，土壤應保持乾燥，大約每週用筷子鬆一次土，以免根部窒息。葉子一旦變薄下垂，就是脫水了，這時須鬆開緊實的土壤，澆水應覆蓋整個表面，浸入深度約 2 吋（假設花盆直徑至少有 8 吋）。即使植物看起來很乾渴，澆水時也不能讓水滿到花盆底部，不然積水可能會滯留數週之久。發現轉黃的老葉，代表植物耗盡存糧又沒有補充到食物，這些黃葉子都是棄子，最好立刻剪掉。新生的葉子則比較小片且柔弱，如果土壤太潮溼，葉尖可能會呈現深褐色。植物

上圖：這株龜背芋放在那麼高的地方，
一天之內只有幾個小時陽光照到從房間
內反射出來的光源。或許它看起來細長
不茂密，可是我覺得它別有一番魅力。

龜背芋

龜背芋葉子的形狀在展開前已然註定，而且隨著植物年齡增長保持不變。不過，如果植物整體健康，下一片新生的葉子可能會更大片，孔洞和切口圖案也更為複雜。

柔弱較容易得病，剛從苗圃買回來的植物會因為室內光照不足，生出細長的枝幹盡可能接近光源。

生長策略

從龜背芋的視角若能看到一大片天空（200呎燭以上，偶而可有陽光直射），澆下去的水將能順利用完，所以當土壤表面往下幾吋深的範圍變得乾燥時，就可以把水澆透。

土壤管理

土壤裡的養分終有耗盡之時，但龜背芋通常買來就是大型盆栽，與其換盆不如追肥來得容易。如果你的龜背芋生出好幾片新葉子，接下來幾週內都是施肥安全期，你可以酌量施加一些肥料。龜背芋的土壤結構通常鬆軟適中，所以只須偶而為土壤通氣，在第三或第次四通氣時順便澆水。

觀賞壽命

龜背芋在適當的環境中可以生長數十年。每一根藤大約能有五到七片葉子，隨著新葉子冒出，最老的葉子會掉落。生得太長的藤，你可以修剪到只剩下最老的一、兩片葉子的地方，然後把剪下來的藤條送給朋友種植。

照顧龜背芋的觀察所得

第1日

有人刊登分類廣告要賣這盆龜背芋，因為他們家裡空間小，而這盆龜背芋越長越狂野。我聯絡對方，對方開價 10 美元。

7 個月

我從十元商店買來一個竹格子，把這盆龜背芋的藤條固定在竹格上，讓整株植物稍微集中一點。龜背芋的藤性喜攀附，要是種在沒有支撐物的花盆內，很容易東倒西歪，垂落花盆之外。這盆龜背芋所擺放的位置，能夠接收到穿透百葉窗的陽光，測量到的日照量是 300 呎燭，不過只限晴天。陰天時，客廳的光照量是昏暗的 50-80 呎燭。這種日子龜背芋會挨餓。

龜背芋會沿著藤蔓節點生出氣根。如果在野外，這些氣根會攀附到樹上，幫助植物固定位置，並藉由延伸的藤蔓（最長可達 60 呎）吸收水分和養分。種在室內的龜背芋，並不需要準備苔蘚桿或樹幹之類的東西讓氣根攀爬，我只用園藝用橡膠束帶（大部分園藝商店均有販售）

將藤蔓固定在格架上，再將氣根引入土壤。

8 個月

這是個苦樂參半的日子，我決定將這盆龜背芋送到我的教堂，在那裡它將有自己專屬的房間。我把我的 Honda Civic 副駕駛座椅推到最前面，後座剛好放得下它。幫它搬好家後，還有一個重要改變需留意，那就是我一個星期上一次教堂，而且教堂離我家頗遠，所以每次澆水的間隔時間必須固定。幸好它新家的光線比我家更充沛，我知道它一個星期內就會口渴，以後一週澆水一次不會過量。

別擔心，我的龜背芋！我每個星期都會來看你。這裡有更大的空間讓你舒展，光線也更棒。照片左邊遠處有一扇朝西的落地玻璃門，傍晚時陽光會照射在地板上，所以我把龜背芋往後挪一些，免得葉片被晒傷。等它再長大一點，或許就能消化一些直晒的日光。照片右邊有一扇朝北大窗，提供了完美的「明亮的間接光線」。我測量這塊區域的光照量超過 300 呎燭，我的龜背芋在這裡能活得很好。

1 年

葉子的形狀變得較複雜。

1 年 3 個月

龜背芋長得太大，原本的竹架不夠用了，所以我買了大一點的架蔬菜用的金屬架，重新把藤蔓固定在架子上，再將氣根導引到花盆土壤裡。

2 年

這盆龜背芋為什麼特別茂密？因為裡面有七株藤蔓。根據龜背芋的生長模式，每一株藤會長出一串葉子。龜背芋盆栽通常是將兩到三株藤組合成一盆販售。即使再怎麼精心照顧，能有多「茂密」還是得取決於有多少株藤，才能有多少葉子。我的這一盆有七株藤，所以你看到的是七株藤加起來的葉子。

2 年 4 個月

這株龜背芋這時開始掉落一些老葉，這些老葉會逐漸完全轉黃，輕易便能從藤上取下。只要你對室內生長條件和植物的極限有所認知，就能接受這樣的代謝汰換。老葉脫落是植物養分循環不可避免的過程：植物須從老葉提取可用的養分，供給新葉成長。施肥或追肥或許能延緩老葉死亡，但要完全阻止是不可能的。我們要接受植物為了生存必須進行的汰換。

3 年（對頁）

有一些藤又開始長到遠離網架之外了，很快我又得重新調整固定，好讓它們繼續向上生長。

大葉落地生根

這種多肉植物的特色是葉子狀似小鏟子，而且沿著葉緣會生出許多小芽，能夠發育成植株，準備入侵植物王國。如果你買的是盆栽，**千萬不要**種在戶外，因為它在熱帶和亞熱帶地區的侵入性極強。

生存策略

如果將大葉落地生根放在低於 200 呎燭的低光照區域，它的葉緣不會生出小芽，而這些小芽正是大葉落地生根的魅力所在。盡可能給它大量的天光和日光，你將會看到這些可愛的小芽紛紛冒出頭來。

生長策略

有 200 呎燭以上的光照，大葉落地生根能稍微生長。再給它一些直射的陽光，你就能見識到「落地生根」的風采。

土壤管理

在光線充足的情況下，只要土壤完全乾燥，就能澆水。根據我的觀察，大葉落地生根這種植物並不需要經常為土壤通氣，它的入侵能力極強，根莖可以適應狀態不佳的土壤。

觀賞壽命

大葉落地生根有大量的小芽可以分株，所以不太適合做「珍貴的孤植」。如果你將其中一株小芽分盆，填入適合仙人掌的土壤，然後放到陽光充足的地方，它會在一年內長到適合觀賞的尺寸，並生出許多小芽。隨著歲月流逝，老葉子將捲曲並從莖上脫落，露出底下一堆各自奮戰的小芽。大葉落地生根生生不息，你可以看它從小芽日漸成熟，再看到它新生出可分植的小芽。

這株大葉落地生根的莖從
花盆邊緣的土壤裡冒出，
先向下彎曲再向上彎曲。

照顧大葉落地生根的觀察所得

第1日

我有一位朋友搬去別的城市，所以我接收了她家的植物，包括這盆大葉落地生根。

這些大葉落地生根的小芽已經生根，可以扎進土壤裡占更多地盤了。

1年

看看這支小芽大軍！之所以生出這麼多小芽，全歸功於我將盆栽移到辦公室廚房朝南的窗台上，不過較高的建築物還是遮擋了部分陽光。

2年

大約一年前，我某位同事心血來潮把大葉落地生根的小芽栽入龍血樹盆栽，現在這株小芽長成野獸，派遣更多小芽入侵這株可憐的龍血樹的地盤，竊取更多養分。我拍完這張照片後，就從龍血樹盆栽裡取出了全部的偷渡小芽⋯⋯

對頁圖： 在大葉落地生根的自然生長過程中，每冒出一組新葉子，位置最低的一組老葉便會掉落。同時新的小芽會扎入附近的土壤——這株蘆薈對這個不速之客相當不滿！

酢漿草

紫色或綠色的酢漿草在聖派翠克節（3月17日）前後很容易買到，它形似三葉草（酢漿草有時也被稱為「假三葉草」）。酢漿草的每一根莖有三片葉子，晚上這三片葉子會像雨傘收起來一樣貼著莖垂落，早上再展開；這是在室內種酢漿草的獨特樂趣。酢漿草的葉子會記住在黑暗中度過的時間，「知道」何時要展開。我有一次打斷了酢漿草的睡眠，用 LED 生長燈單獨照射幾根莖兩小時，結果那幾根莖就迎著光線展開葉子。幾個小時後天真的亮了，其他幾根莖的葉子展開，而被打斷睡眠的那些莖則是在早上過一陣子、太陽更高掛天空的時候，才再次展開。

生存策略

白天最明亮的時候光照若不超過 100 呎燭，那麼你買來的酢漿草原本的莖葉都會枯萎，徒留一盆土壤。即使莖葉全都枯萎，球莖可能還活著。這時只要土壤保持溼潤，偶而通氣以免過於緊實，幾週後應該能生出新的莖，但不可能重回剛從苗圃買來時的茂密程度。在如此低光照的環境中，一個球莖能生出兩、三根莖已經很不錯了。

生長策略

如果光照量能高達 600 呎燭，新生出來的莖應該能和枯死的莖一樣多。土壤局部乾燥便要立即徹底澆水！完全乾枯死去的莖，用手輕輕一剝便能去除。看到新生出來的莖，就可以按照施肥指示施加液體肥料。

觀賞壽命

即使莖葉全都枯萎，酢漿草的球莖還是能繼續長出新的莖，所以就算看似只剩一盆土壤也別慌。酢漿草是從球莖生長出來的，最好在莖全部枯死或大多數的莖即將枯死之前換盆。盆栽土選一般的泥炭苔加一些珍珠岩的混合土就行了。

上圖：當土壤幾乎全乾時，即使在白天，酢漿草的葉子也會略為保持閉合：左邊那一盆略為乾渴，右邊則水分充足，你可以比較出它們的差異，知道何時須立即讓土壤充分浸水。

上圖：在低光照環境中（100-200 呎燭），酢漿草大部分的莖很可能在幾個月內枯死。等過了一段適應期，它的球莖可能會長出新的莖。

右圖：下一輪長出來的葉子可能沒那麼茂密。不過你可以改變自己的審美觀，轉向極簡主義的懷抱。

從球莖開始培育酢漿草

第 1 日

你可以購買酢漿草球莖，隨時開始培育。我上網買了 10 個酢漿草球莖，將它們均勻排列在花盆土壤表面。

然後在這些球莖上，薄薄蓋上一層土（深約四分之一吋）。仔細徹底地澆好水後，將花盆放置在陽光充足的窗邊。

1 個月

栽種後 1 個月：許多球莖已長出一根莖，正要長出更多根莖！

這裡可以看到幼生的葉莖（左）和花莖（右，我手指之處）。記得仔細觀察接近土壤表面的地方，就能發現這些小傢伙。

2 個月

葉子長得很茂密，而且還開花了。

白鶴芋

白鶴芋的葉片會對稱而繁密地生長，單株放在那裡就很漂亮。苗圃會在快速培育期對白鶴芋施打赤黴酸，這是一種誘導開花的天然植物激素，如此才能全年販售開花的白鶴芋。但在移居到一般的室內環境、原本的花朵枯萎後，可能要相隔幾個月才會再開出兩、三朵花。

生存策略

「可在低光照下生長」這句話不知道害了多少盆白鶴芋。每日最高光照量至少要有 50 呎燭，白鶴芋才能勉強求生，但在這麼低的光照量下，也別指望它能生長多少。當花盆裡大部分的土壤乾掉後，白鶴芋會急遽枯萎。這時需泡水徹底浸透土壤，它才可能恢復生機。另外，偶而要給土壤通氣，避免凝結的土塊形成，從而導致根腐病。

生長策略

只要放在光照量有 100-600 呎燭的地方，白鶴芋便能生長良好。還記得嗎？光照越強，土壤中的水分消耗越快。若是曝晒在更強的光照下（800 呎燭以上，甚至達全日照），白鶴芋將在幾天內枯萎，這時需立即徹底澆水，以免造成永久傷害。所以說，100-600 呎燭的光照量最適當，這樣白鶴芋既能良好生長，也不必頻頻澆水。

觀賞壽命

白鶴芋最初買來時開的花全部凋謝後，有些人會覺得它不好看了。但只要給予適度的間接光線和水分，白鶴芋每隔幾個月就會開花獎勵你。看到新葉子長出來，就要準備剪掉枯黃的老葉了。

對頁圖：白鶴芋綻放過程──整個過程大約需要幾週。

上圖：白鶴芋一旦下垂，立即泡水可讓它恢復生機，但往後應避免枯萎後再泡水，不然它的根部很可能永久受損，上面再也生不出葉子。

右圖：大量施用赤黴酸有時會導致白鶴芋開花不規則——例如從同一根莖上長出多朵花（右）。你可以與普通的白鶴芋花（左）做比較，看出兩者差異。

照顧白鶴芋的觀察所得

陽光穿透純白色的紗帘，這一大盆斑葉白鶴芋快樂地沐浴在間接光線下。

這盆斑葉白鶴芋葉子紋理粗糙，上面有著可愛的噴濺狀白色圖案。

發現白鶴芋開花，是身為植物照顧者的一大驚喜。有人說種在盆栽裡的白鶴芋更容易開花，從進化的角度來看是有道理的──植物生出新葉子之前，會評估當下是否適合透過種子繁殖。如果它感覺根部擁擠，那麼與其在原地生出更多新葉子，不如散播種子到其他地方繁殖新生命。

白鶴芋的老葉側面會生出呈現捲曲狀的新葉，等到新葉子長高到露出莖的程度，不妨留意有沒有花苞。

從花莖上剪掉褪色的花朵，下刀位置在開花的葉鞘上方。

你可以直接剪掉完全變黃的老葉。只要盡可能提供最佳光照並適度澆水，你就已經善盡植物照顧者的責任了。剪掉那些變黃的老葉，也是植物照顧者平常工作的一部分。

對頁圖：這是同一盆白鶴芋，在開完花後經過良好照顧的樣子。

新生的花朵在幾週到幾個月內會保持漂亮的白色，但最終會褪色為綠色或棕色。你可以剪掉這些盛開過後、不再鮮亮的花朵，純粹欣賞白鶴芋的葉子，靜待下一輪開花。

如果是直接從苗圃買白鶴芋回來，你可能會發現它在適應新家的過程中，許多老葉變黃和（或）出現褐色斑點。

鏡面草

鏡面草是最多人渴望擁有的室內植物之一，而且越來越受歡迎，所以商業種植業者一窩蜂引進。我甚至看過有人在分類廣告上販賣自家種（只要家裡有空間有陽光就行）的鏡面草，一小盆 4 吋標價高達 80 美元！幸好這種植物在健康的情況下很快就能生出幼苗（迷你複製版的鏡面草），所以到植物愛好者社群換一個還蠻容易的（我家的鏡面草就是這樣得來的）。

生存策略

如果想將鏡面草擺在遠離窗邊的架子上，請做好心理準備：老葉將一一轉黃並枯萎掉落。每日最高光照量若不到 150 呎燭，鏡面草將捨棄老葉以適應環境。幾個月後，即便它沒有因為土壤長期過溼而導致根腐病，它的莖也會變得光禿禿，最上面只剩下緩慢生長的兩、三片葉子，更令人擔心的是，老葉還會繼續變黃枯萎。為了適應低光照環境，這種變化是正常的。你能做的是為土壤通氣，在一定程度上降低根腐病風險。

生長策略

把鏡面草放在能看到一大片天空，甚至有幾小時日晒的地方，它會長得很好。雖然老葉依然會轉黃凋落，但整體能維持枝繁葉茂的狀態，葉子最大能達直徑 4 吋。如果光照量有 200 呎燭以上，鏡面草盆栽土壤裡的水分應該能在幾天內用完。在鏡面草生長期間，請保持土壤均勻溼潤且通氣良好。關於通氣有一點要特別注意——戳孔時動作要輕柔，免得殘害了土壤中有機會發育成幼苗的匍匐莖。

上圖：這株成熟美麗的鏡面草有著彎曲的莖，形態極具個性。

觀賞壽命

一株健康的鏡面草,第一年可以生出六到八個幼苗。種了一年後,你可能要開始忙著分株和移植這些幼苗。這時母株會略顯憔悴,最老的葉子會開始凋落。你若夠勇敢,可以嘗試切掉母株的主莖並讓它生根,讓留下來的根椿繼續生出幼苗。

頂圖:一些自家種的鏡面草準備登上分類廣告販售了。

上圖:在光照充足的情況下,鏡面草的根椿會生出許多幼苗,時間點往往是在母株狀態穩定後的幾個月內。

照顧鏡面草的觀察所得

第 1 日

我終於獲得了鏡面草！我家附近有位植物同好在 Facebook 群組張貼了一則鏡面草幼苗交換訊息，我剛好有她要的霓虹黃金葛，所以我們就成功交換了。

4 個月

從 2 吋的花盆第一次換到 3.5 吋的花盆後，長出了幾片新葉子。我的盆栽土照舊使用摻了珍珠岩的泥炭苔。

8 個月

又長大到要換盆了！現在升級為 5 吋的育苗盆。這次換盆有一個驚喜……

第一株幼苗！

10 個月

換盆後新生的兩株幼苗都很健壯。長到這個尺寸，已經可以各自分盆了。

1 年

從花盆取出母株時，我發現一些剛發育的幼苗，還有兩個從土壤底下冒出來試圖接觸光線的匍匐莖。要是這兩個沿著花盆底部爬的匍匐莖逃出了排水孔，肯定會在花盆底部發育成幼苗。

使用鋒利、乾淨的刀，從植物根部（土壤表面）將母株與幼苗割開。

種入花盆的標準程序：在尺寸適當的花盆中，墊上一塊景觀布。

幾株分離好的幼苗，準備要種到花盆裡了！

輕輕夯實土壤，確保根球牢牢固定在中間，然後仔細徹底地澆水。澆水能讓土壤更貼合植物根部。

將母株重新種回花盆時，我小心調整了匍匐莖的方向，幫助它們日後找到路徑突破土壤表面。

1年1個月

換盆後過了一個月，匍匐莖成功冒出頭來，開出第一組葉子！再過幾個月，我又要重新分出這些幼苗了。

1年3個月

鏡面草母株（左後）和她的長子（左前），另外還有在生長燈下長大的三個次子次女（右）。請注意葉子表面非常平整。

光照及其對鏡面草生長的影響

第 1 日

我在分出並移植第一批鏡面草幼苗時，很想知道在自然光（我家的天窗下）和 LED 生長燈下生長的新生鏡面草有何明顯區別。以下是我對光照影響的觀察：

30 日

在我家自然光（僅達低光照）下生長的鏡面草（左），葉子多半微微內凹。在生長燈下生長的鏡面草（右），葉子呈現較為平坦的完美鏡面。

92 日

雖然白天日照時間延長，在自然光下生長的鏡面草（左）仍然比在生長燈下生長的鏡面草（右）有更多內凹的葉子。

俯視圖： 在生長燈下生長的鏡面草（右）根莖比較集中，因為它們不需要向外伸展以獲得更強的光照。

自然光

光照期間： 光照強度會隨著白天時間長短而上升或下降。我在冬天進行這個實驗，我家所在的緯度晝長約為 9 小時。

光照強度： 它的位置看不到太陽，光照完全來自天光。光照最強平均 200 呎燭。

生長燈

光照期間： 我將計時器設定為開啟 12 小時，關閉 12 小時。

光照強度： 我將生長燈的高度調整為距離最高的葉子約 6 吋。在這個距離，光照強度讀數為 800 呎燭。

酒瓶蘭

酒瓶蘭是酒瓶蘭屬植物中最常見的品種，長長的葉子有時看起來像微捲的馬尾。種植者會將年幼的酒瓶蘭修剪到只剩下根樁，以刺激新莖發芽，這樣看起來就像棵迷你棕櫚樹。

生存策略

如果只想把酒瓶蘭當作裝飾品，那麼 50 呎燭這麼低的光照量下，它也能維持不錯的外觀。每個月須將盆栽裡的土壤泡水浸透一次，之後將盆栽移到緊靠窗戶的位置一星期，讓植物在進入低光照禁食期前先產生一些碳水化合物。其餘時間土壤應保持全乾。

生長策略

超過 200 呎燭時，酒瓶蘭的葉子會繼續變長。如果晒得到太陽，根樁低處還可能生出新葉子。酒瓶蘭的盆栽土通常是排水快速、仙人掌專用的混合土——少量泥炭苔、較多粗砂，或許還有一些樹皮碎片。須等土壤全乾一週以上，再徹底浸泡土壤。反正適合酒瓶蘭的盆栽土無法保持太多水分，所以浸泡土壤的時候不必擔心積水，多餘的水分很容易排出。

對頁圖：三種型態的酒瓶蘭屬植物：酒瓶蘭（左），有很多組葉子；新生幼芽（中）；龜甲酒瓶蘭（右），通常根莖較直且葉片較寬。

觀賞壽命

酒瓶蘭的壽命有許多年，雖然唯一可見的變化似乎只有葉子變長。在室內環境，酒瓶蘭的根椿不太可能越長越粗——直接從苗圃選購你要的尺寸，比較實際一點。

上圖：除了常見的「迷你棕櫚樹」栽培方式，有時你也可能發現這種年輕的幼芽——小球莖上有一叢雜草般的葉子。

照顧酒瓶蘭的觀察所得

左上圖：我的朋友裝了簡單的生長燈，幫他的酒瓶蘭度過整個冬天——直到春夏能把酒瓶蘭放回戶外前，先靠這個維生。

右上圖：典型的酒瓶蘭——粗壯的根樁上有多個生長點。

左下圖：如這張照片所示，酒瓶蘭的生長結構通常是從根樁尖端冒出單一叢葉子。如果切掉根樁，生長結構會變成從好幾個生長點冒出好幾叢葉子。

上圖：酒瓶蘭葉子可以長成美麗的螺旋狀。

黃金葛

黃金葛在熱帶地區也被視為侵入性極強,但它絕對是不容錯過的室內植物。黃金葛有多種斑葉品種,我喜歡稱之為黃金葛四天后:「大理石皇后」、「黃金葛」、「白金葛」和「霓虹黃金葛」。「黃金葛」和「大理石皇后」偶而會長出純綠色的葉子,這種情況商業種植業者並不樂見,但對於植物照顧者來說別有樂趣——你可以剪下這些純綠色的藤蔓,單獨種一盆純綠色的黃金葛。

生存策略

黃金葛能在光照量不到 50 呎燭的地方生存,但要準備迎接很長的適應期,在這期間它幾乎不太生長。土壤澆滿水一開始沒關係,但如果長久保持溼潤,幾個月後可能會發生真菌感染,你會發現葉子中間出現黑點。定期為土壤通氣便能避免這個問題。

生長策略

黃金葛在 100-300 呎燭的光照量下將獲得良好生長。超過 300 呎燭,葉子的斑點將更明顯。但若讓黃金葛直接曝晒在陽

對頁圖:黃金葛四天后(從上而下順時鐘):「大理石皇后」、「黃金葛」、「白金葛」和「霓虹黃金葛」。

光下，幾週後你可能會注意到綠色有些褪色——最好還是用透明紗簾遮擋直射的陽光。保持土壤均勻溼潤，葉子將富有彈性，在你輕拍時會活潑地彈跳。一有枯萎的跡象，應立刻在土壤表面澆滿水。如果植物開始生長，可以按照施肥指示使用肥料。黃金葛的根生長迅速，很容易從花盆排水孔冒出來，但這是好事，代表你可以換更大的花盆了。另外要注意的是，如果植物已經穩定生長好幾個月，突然有許多葉子紛紛轉黃掉落（很可能是同一根藤），可能是那些藤的根已經腐爛了。這時最好換盆，重新調整好土壤結構和養分。

觀賞壽命

要長期照顧好黃金葛，首先要注意的是最老的葉子開始轉黃掉落，這可能有幾個原因，包括土壤養分流失或乾旱造成植物根部損傷。幸好黃金葛莖插繁殖非常容易，你可以將生根的莖條移植回土壤中，獲得一盆新的黃金葛。不過，只要及時換盆並換上新土壤，黃金葛就能長期保持健康。

上圖：想要把植物放到陰暗的角落嗎？植物將因為長期挨餓而緩慢死亡。

黃金葛繁殖

①

黃金葛的每一根藤都會極盡可能地延伸生長。當黃金葛的藤長到地板，而你並不喜歡叢林居家風格，這時可以用乾淨鋒利的修枝剪，盡量從靠近老葉的地方剪掉過長的藤蔓。修剪過的藤蔓過一段時間會出現新的生長點，藤蔓也將繼續生長。你可以剪下健康的葉子，輕鬆繁殖出更多黃金葛。如果你剛開始學習植物繁殖，黃金葛無疑是個好選擇，因為它幾乎在任何環境條件下都能生根，再加上生長快速（前提是光照量充足），你可以每隔幾個月就繁殖出新的植株。上面照片是放在水中生根的綠葉黃金葛插條。

②

每個插條都應該有一片葉子、一根莖和一段主藤。你會看到一個棕色的根節點，這是莖與主藤的相接處；新的莖會從這個節點生長。為了快速大批繁殖，我用橡膠束帶將一把插條（5 到 7 根）綁成一綑放入水杯，水杯放在陽光不會直射的位置。此外，我還不時換水，確保水質清澈，並取出變成黃色或棕色的插條（這種情況不常發生）。幾週後節點將長出白色的根，等到所有插條都生根，我再把它們移植到 4 吋的小育苗盆，土壤選任何標準盆栽土皆可。植物生根時，它的莖可以在束帶的支撐下保持直立。

幾週後莖能夠自己站直了，我才取下束帶。如果母株盆栽靠近土壤處有光禿禿的莖需要遮掩，這些新植株就可以派上用場。

照顧黃金葛的觀察所得

泌液作用

黃金葛的水分輸送機制非常有效率。當你徹底澆水後，
多餘的水分會聚集在葉尖。這代表「過度澆水」了嗎？
不見得！如果你的植物正在生長，那就不是。

圖騰柱植物支架

另一種栽培黃金葛的方法是,讓藤蔓生長在像是樹皮或苔蘚桿之類、能保留一點水分的粗糙表面上,這樣葉子會越長越大。雖然很吸引人,但能否成功,還是取決於你是否能提供足夠的光照量,而且持續讓粗糙的表面保持溼潤。

黃金葛

大自然的高溫潮溼和大量雨水,可能造就驚人的巨大黃金葛。你能認出這是黃金葛嗎?

豹紋竹芋

豹紋竹芋的葉子每天晚上都會折疊起來，像祈禱的雙手。豹紋竹芋的葉子生長在彎曲的莖的末端，垂懸在花盆邊緣，所以這種植物經常做成吊籃出售。有些人會將藤蔓綁在豎立的木樁上，我個人覺得看起來有點怪。新生出來的藤蔓偶而會從穗狀花序開出小花，不過這些花不如葉子引人注意。

生存策略

豹紋竹芋可以在低光照下生存，這不代表它們在陰暗的角落可以存活，而是它們可以忍受白天光照量最多只有 50 呎燭。如果你按照低光照條件，土壤勉強保持均勻溼潤，那麼總有一天植物大部分的根會因為盆栽裡的乾燥土塊而壞死，導致整株植物鬆軟下垂。這時請務必在土壤中輕輕戳孔通氣，然後徹底浸溼土壤。

生長策略

每日光照量平均達到 200 呎燭時，豹紋竹芋會穩定地長出新葉子。超過 300 呎燭到大約 800 呎燭，葉子的斑紋會更明顯。一、兩個小時陽光直射無妨，但不能整天曝晒在陽光下。

土壤管理

在光照充足的情況下，保持土壤均勻溼潤即可促進植物生長。如果土壤大部分變得乾燥，整株植物將會鬆軟下垂。這時應該立即為土壤通氣鬆開乾土塊，然後再澆滿水。之後的一、兩天內，葉子應該會恢復彈性活力。如果看到植物長出新葉子，可按照施肥指示施加液體肥料。

觀賞壽命

豹紋竹芋唯一的弱點是害蟲。可能是因為它的莖葉結構有一些角落和縫隙可供害蟲藏身，而且它的汁液特別有吸引力。由於無法阻擋害蟲，我每次種的豹紋竹芋大約一年就不得不丟棄。

對頁圖：綠色的豹紋竹芋（左）和箭羽竹芋（右）：它們的葉子都會在夜間折疊起來。箭羽竹芋的照顧方法和豹紋竹芋差不多，這兩種植物常常被放在一起種植。

繁殖豹紋竹芋

①

剛從豹紋竹芋切下來的幾根莖，正浸在水中等待生根。

②

確保切口浸沒在水中。莖彎曲部分的隆起物就是節點，根會從節點生出。

③ 2個月後

生出來的根達到半吋長時，就可以將插條種回土裡了。只要這些根還浸在水中，你可以等有空時再進行移植。請注意，插條可能在移植過程中死亡，生命就是如此無常！

④

隨著老葉變黃，盆栽內部的藤蔓就會看起來光禿禿的，曾經茂密的豹紋竹芋現在顯得很悲傷。我建議在植物茂密的時候進行扦插，這樣當它最終變得稀稀落落的時候，就能有一些生根的插條可以拿來填補花盆。在這張照片中，我正在將一根生了根的莖移植到花盆空出來的土壤裡。

葉子才是焦點

上圖：新長出來的葉子像紙捲一樣。這株黑豹
紋竹芋的綠色葉子上面有深色和淺色的斑點圖
案，很可愛吧？

右上圖：這株紅脈豹紋竹芋新生的葉子像捲起
來的紫色包裝紙！

右圖：豹紋竹芋偶而會出現有趣的葉子顏色。

照顧豹紋竹芋的觀察所得

8 個月

這株植物並不是住在這裡，它只是被臨時挪過來排隊洗澡。我在淋浴間可以徹底為植物澆水，不必擔心弄得地上到處都是水。

10 個月

到處冒出變黃的葉子，一旦它們完全轉黃，我就會摘下來。

老葉變黃是因為植物試圖回收利用氮、磷和鉀等養分。如果你不嫌難看，最好等葉子完全轉黃再剪掉。

去除變黃的葉子是植物照顧者的例行工作。

1 年 3 個月

薊馬蟲害！幸好我已經做了扦插，繁殖了一批新植株。這些薊馬會剝掉植物莖葉上的保護層。

豹紋竹芋葉子背面似乎是植物害蟲的理想樂園，除了照片中的薊馬，常見的害蟲還有介殼蟲與葉蟎。我怕害蟲入侵其他盆栽，決定直接丟掉這一盆。如果下次看到好的孤植，我再補買回來。

兔腳蕨

與波士頓腎蕨相比，兔腳蕨的枝葉更多，而且它的根莖很有特色（雖然有些人覺得很可怕）。這種蕨類植物的葉子不會成群乾枯，而是逐漸變黃，然後整片一起脫落。

生存策略

兔腳蕨似乎能在 100 呎燭左右的低光照下生存，雖然不太會生長，而且很可能因為少一些葉子而變得比較單薄，但整體還算是茂密，具備觀賞性。雖然它能忍受完全乾燥的土壤，但澆水前仍需用筷子輕輕戳鬆土壤，否則那些緊實的乾土塊永遠沾不到水。戳孔時小心不要刺穿根莖。

生長策略

光照量若超過 200 呎燭，葉子的汰換速度應該會趨緩。土壤有局部變得乾燥時，你就能放心澆滿水。另外記得定期為土壤通氣。如果發現植物開始生長，例如有幾片新葉子展開，這時可以施加通用肥料。

觀賞壽命

在光線充足的情況下，兔腳蕨的根莖可能會在幾年內完全包圍住它的花盆。屆時你可以分株，或切下幾條根莖移植到新盆。

根莖

對頁圖：如同其他成熟的葉子，這些葉子最終也會變成淺一點的綠色。

左圖：蕨類植物的根莖會在土壤上方從母株水平長出來，而且能發出新的根和葉子，形成一株新植物。兔腳蕨較成熟的根莖有淺棕色的「皮毛」，而新長出來的根莖尖端，則是帶有淺綠色調的白色。

右圖：注意毛茸茸的根莖中新生出來的葉子：它們最初是深棕綠色的——沒有生病，不要誤會！

為兔腳蕨換盆

這株兔腳蕨只是暫時放在這個盆裡，我還在尋找有什麼花盆能襯托它最有趣的特色——毛茸茸的根莖！

我在一年後為這株兔腳蕨找到一個有趣的玻璃容器。不過這個容器沒有排水孔，所以我除去植株上的一些舊土壤後，在容器底部墊上一些水苔。

每次移植時，最好將植物根球上的舊土弄鬆一些，讓根部更容易接觸到新土壤。

在容器底部墊上一些水苔。

將根球插入水苔凹槽中。

對頁圖：換盆八個月後：這株兔腳蕨住在我的浴室，每日最高光照量平均大約 200 呎燭。在這樣的光照量下，我注意到水苔大約過了一週會完全乾燥。由於容器沒有排水孔，所以我的澆水方式是緩緩倒入相當於水苔體積四分之一或三分之一的水，如此便能充分潤溼所有的水苔。

虎尾蘭

虎尾蘭屬植物是一種能與人類雙贏的室內植物。它喜歡乾燥的土壤，這代表你不需要經常澆水。這種植物有豐富的品種，你既能享受收藏稀有品種的樂趣，又不必擔心它不好種。

生存策略

虎尾蘭常被放在沒有窗戶的角落，因為人們總說它能在「低光照下生長」。我認為它其實是在「不到 50 呎燭下優雅地

對頁圖：虎尾蘭屬植物全家福！

餓死」。如果你家的虎尾蘭也是得到這種待遇，應該等到土壤長時間乾透（數週之久）再稍微潤溼土壤。如果可以，徹底浸泡土壤後，把盆栽移到窗邊，接受 300 呎燭以上的日照一週的時間，讓它在下次被迫挨餓前能有一些生長。

生長策略

虎尾蘭可接受的光照量範圍很廣，要達到生長條件很容易。低至 100 呎燭，高至 1000 呎燭，它都能生長。不過在全日照下（陽光直射超過四個小時），葉子的綠色可能會褪色，所以最好還是擺在明亮的間接光線下。

土壤管理

虎尾蘭將大部分的水分儲存在厚厚的葉片中，所以可以等土壤乾透了再澆水。澆水前最好先輕輕在土壤中戳孔通氣，以確保水分均勻滲透。葉子如果出現皺紋，應立即充分浸泡土壤。虎尾蘭可長久不澆水，因此容易形成乾燥硬實的土塊，水分難以流通。盆栽土一年沒換過的話，建議直接換盆。請選擇排水性良好的盆栽土，一般來說有添加粗砂或是仙人掌專用的盆栽土皆可。

觀賞壽命

苗圃種植的虎尾蘭（例如通常頗為高大的金邊虎尾蘭）葉子長得強壯寬闊，就像劍一樣。虎尾蘭移居到 100 呎燭以下的室內環境一、兩年後，你會發現新生的葉子沒有那麼寬。再過幾年，最老的幾片葉子將翻倒彎曲，即便你好好浸泡過土壤，這些葉子也無法恢復活力。如果你覺得不好看，可以直接剪掉這些彎曲的葉子。

左上圖：即使距離朝北的窗戶只有幾呎遠，光線依舊明顯減弱——這株虎尾蘭獲得的光照從未超過 80 呎燭。雖然它不太生長，還是能「看起來還活著」好幾個月。

右上圖：一年後，我持續收集更多品種，並且分植到不同樣式的花盆中。

左圖：人們開始在室內種植物以來，虎尾蘭一直深受歡迎。有一些虎尾蘭品種被認為是「復古品種」，因為它們目前沒有商業化種植。不要被中世紀復古家具所迷惑；這張照片不是在 1950 年代拍攝的！

放在辦公室的虎尾蘭

第1日

注定要成為辦公室植物的金邊虎尾蘭。
標準尺寸的育苗盆放不進 Ikea 的外盆。

21 日

新生的葉子像是蓮座狀葉叢。一年
左右這片土壤表面會長滿虎尾蘭新
葉。

虎尾蘭土壤裡的匍匐莖生出了新葉
子；匍匐莖會水平地穿過土壤，直
到遇到障礙物，或者移動得夠遠、
有空間向上生長為止。

3 個月

深窗台是虎尾蘭的理想居所，因為可以看到天空！雖然這扇窗戶朝南，但在比較冷的那幾個月裡正午的太陽較低，陽光會被許多高樓擋住。

2 年

有人給我一個可愛的新花盆，我覺得拿來裝辦公室的虎尾蘭剛剛好。我不得不剪開塑膠育苗盆的部分邊緣，才能把它好好裝進去。

3 年

3 年了——這是什麼？一根花莖！

辦公室的虎尾蘭在新花盆裡看起來更時尚了！住在這個窗台絕對讓它成長不少，整個花盆滿滿都是葉子。不知道能不能看到它開花？

虎尾蘭的花香非常濃。幸好附近沒擺辦公桌。

繁殖虎尾蘭

①

虎尾蘭一年便可長到成熟的大小，並且開始發育分枝。分枝達到母株大小的三分之一左右，便能分株。

②

虎尾蘭母株和它的分株——這些鳥巢狀的虎尾蘭會長成密集的蓮座狀葉叢。

③

不同成長階段的鳥巢狀虎尾蘭。另一種繁殖方式是葉插，將剪下來的葉子放在水中或溼土上（後者較普遍）。一段時間後（大概是幾個月），會出現一個新的蓮座狀葉叢。我從來沒有做過葉插繁殖，因為虎尾蘭長得很慢，而且我家附近的苗圃有賣各式各樣現成又便宜的虎尾蘭。

④

在苗圃生長的葉子又寬又硬，像劍一樣。 大約一年後，你會注意到從土壤冒出頭的蓮座狀葉叢生出新葉。 這種淡綠色的品種稱為「月光」。

寶扇虎尾蘭

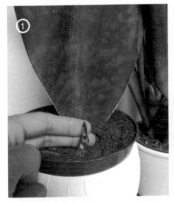

① **第 1 日**

寶扇虎尾蘭的成長過程很有趣。虎尾蘭生長緩慢，並不是因為新葉子很久才生出來，而是幾個月過去它整體似乎沒什麼變化。我把這盆寶扇虎尾蘭帶回家一週後，剛好看到這片新葉冒出頭——肯定是時間到了！

② **6 日以後**

這片新葉子的高度從兩指增高到四指。

③ **20 日以後**

現在的高度大概達母株的三分之一。

④ **27 日以後**

長高到母株一半高了！

⑤ **40 日以後**

如果你好奇，左邊那株是「雪紋虎尾蘭」。

⑥ **64 日以後**

我很喜歡剛展開來的葉子「全新」的樣子——圖案多美啊！你可以分株做成兩個單葉盆栽，但我覺得一盆雙葉很好看。

鹿角蕨

如同所有鹿角蕨屬植物，鹿角蕨有兩個主要部分：生殖葉和營養葉（盾形葉）：前者可能垂落生長，或如同伸手朝天空般向上生長；後者會沿著植物底部生長，形成一個圓頂，覆蓋住植物生長處的表面。當鹿角蕨在有利的條件下生長成熟時，生殖葉背面會形成深褐色的斑塊，也就是孢子。至於營養葉，不必擔心它們變成棕色——鹿角蕨在生長季節每隔幾個月就會長出一片新的營養葉。

生存策略

我要引用麥可・傑克森的名言：「不想養小孩就不要生小孩。」在典型的「低光照」條件下（也就是不到 100 呎燭），壁掛的鹿角蕨將慢慢死亡。雖然把鹿角蕨掛在沙發後面的牆壁上很好看，但請克制這種會讓它遠離窗邊的欲望。

生長策略

光照超過 300 呎燭，你會看到一株快樂生長的鹿角蕨。如果能放在大窗戶或天窗附近，白天最高光照量有 500-600 呎燭，那就再理想不過了。鹿角蕨需要看到盡可能多的天空，但要避免陽光直曬——最多一、兩個小時無妨。

鹿角蕨種在花盆裡能長得
很好，但將它壁掛起來，
更有觀賞樂趣。

左圖：一批新鮮的鹿角蕨──我可能會收養一株，然後壁掛起來（壁掛照顧方式請見後面的說明）。

下圖：鹿角蕨盆栽示範：它特別適合放在高高的展示台上！

土壤管理

鹿角蕨盆栽裡的土壤通常是熱帶植物專用的土壤（成分有泥炭苔、珍珠岩，也許還有堆肥）。土壤須保持通風且均勻溼潤。如果將鹿角蕨種在水苔板並壁掛在牆上（壁掛照顧方式請見後面的說明），水苔的保溼能力會因為接觸空氣的面積增加而抵銷，也就是說水分蒸發的速度將與土壤不相上下。你可以碰觸水苔來感覺有多少水分——外層一旦變脆，就該重新浸泡了。這時再不泡水，它會變得像一塊乾海綿。乾掉的水苔很容易變得硬實，澆水前最好先輕輕地戳孔，確實地鬆開結塊的部分。有一些植物照顧指南建議將水苔板拿下來放到浴缸中泡水，我覺得那樣做太麻煩而且沒有必要。如果你的水苔板體積不大，可以取下整個板子放到大水槽或浴缸中，澆水淋溼水苔，直到水苔完全浸透後，放置幾個小時瀝掉多餘的水，之後再掛回原本的位置。澆水時有沒有弄溼葉子並不重要。重要的是培養土應均勻溼潤。我自己是在晚上用蓮蓬頭澆水，直接放在淋浴間滴乾，隔天早上就能把板子掛回牆上。另外，只要看到新葉子生長，就能施肥。

觀賞壽命

鹿角蕨是長壽的植物，但葉子會逐漸脫落並更換。較老的生殖葉將從葉子中間開始變黃，然後蔓延到葉子的其餘部分。變黃的葉子可從底部拔除。我家的鹿角蕨在天窗下生長了三年，狀態算是穩定——每年會生長三到五片新的生殖葉，同時掉落三到五片老的生殖葉。營養葉（盾形葉）長大後會覆蓋植物的底部，而且很容易擦傷。當營養葉大到能蓋住整個底部時，將自然而然開始轉成棕色。在有利的生長條件下，鹿角蕨會長出好幾根幼株，你可以讓它們成簇生長，或從根部切開分株種植。

照顧鹿角蕨的觀察所得

第 1 日

我買了這株裝在 6 吋花盆裡的
鹿角蕨，相當可愛。它的盾形
葉稍微受損，不過店裡其他株
也是。我把偷渡進花盆的幼苗
全都挑了出來。

1 個月

開始準備掛牆！接下來介紹使用的材料：

植物掛板：五金店有出售可以做架子的松木層板，我裁切了合適的尺寸，再塗上無毒清漆，心想這樣可以保護木板不受水苔的高溼氣侵蝕。

景觀布：我覺得在木板和水苔之間加一層隔絕保護是個好主意。

塑膠網：我把幾片塑膠網釘在板子上做成小籃子。我似乎應該做得更大一點。

水苔：根據我的研究經驗，填入的水苔一定要緊緊包住鹿角蕨的根部。

重型相框壁掛五金：我之後會把吊線裝在板子上，找個地方壁掛我做好的植物獎杯！

壁掛過程中無論如何小心，盾形葉或多或少一定會受到損傷。不要太在意。

從盆中取出鹿角蕨時，我的懷疑獲得證實──裡面有兩株！

我將塑膠網釘在木板上做成籃子，事後才發覺這不是個好方法（稍後再詳加解釋）。我還在木板和塑膠網之間墊了一層景觀布。看著做好的籃子大小，顯然鹿角蕨根部原本附著的盆栽土必須多去除一些，不然植株和水苔裝不進籃子。我盡可能用水苔緊緊包裹植物根部，然後封住植物周圍的塑膠網開口。

植物裝在木板上了！不過還沒掛上牆，現在暫時住在我家浴室架子最上層，可以從天窗獲得光照。把板子架在這個塑膠盒上，這樣就能澆水了。每當水苔快要全乾時，我都會把它徹底浸溼。水苔很像海綿，一旦完全乾燥，就會變得又硬又脆。

3 個月

新的盾形葉第一次冒出來！

5 個月

第二片盾形葉開始生長了！

長到這個尺寸，最方便的澆水方式是將整塊木板放在淋浴間淋溫水，然後放在淋浴間一個晚上等水滴乾，第二天再把木板掛回牆上。

4 個月

還記得前面我說過塑膠網不是個好主意嗎？那是因為新生出來的盾形葉會貼著底下的培養土生長，最後跟網子黏在一起。我試著把網子剪開一些，結果盾形葉上出現像桃子上的瘀傷。好吧，傷疤也算是一種特色。

掛板 1 年後

板子終於掛在牆上了。我使用標準的相框壁掛五金——D 形環、木工螺絲和吊線。牆壁掛鉤可承重 50 磅。

掛板 2 年後

這株鹿角蕨度過了植物的青春期——手指狀葉片背面毛茸茸的棕色斑塊就是孢子！

2 年 4 個月

即使空間有限，這株鹿角蕨還是開始生出一些幼苗。考慮到鹿角蕨能長得很大，我決定用更大量的水苔為它重新安個新家。

重新安家：這株鹿角蕨的根已經穿透木頭，當初我還為木板刷了一層清漆。這次我不打算多此一舉了。

這次我改用粗麻布裝住水苔做基底，然後以釘書針固定在木板上。我用麻繩將鹿角蕨固定在新的水苔基底上，這個過程不可能不損壞現有的盾形葉，所以沒必要太小心翼翼。

只要相信下一片盾形葉會在網繩上生長。看看這些幼苗——現在有很多水苔可以讓它們生根！

新做好的植物獎牌可以放回原位，繼續生長了。

2 年 8 個月

還記得從側邊長出來的三株鹿角蕨幼苗嗎？它們靠得很近，只有一株能長出生殖葉，其他的都埋在下面了。

掛板 3 年後

這株鹿角蕨生出了名符其實鹿角狀的巨大葉片。

愛之蔓

在水中生根的愛之蔓插條。

某些植物品種有時候很難買到，因為苗圃的存貨經常輪替。幸好現在有網路，植物愛好者可以上網交換插條（大多數的人對於交換插條還蠻大方的）。與植物同好分享植物插條是植物照顧者的樂趣之一，但學習如何扦插及培育則考驗著你的技巧和耐心──更別提害怕朋友失望的額外壓力。後面我會說明如何培育愛之蔓；我想種這種藤蔓植物很久了，好不容易才透過一些插條種到它。

生存策略

每日最高光照量達 200 呎燭，愛之蔓即可生存，但長時間下來葉子上的圖案會褪色，而且每組葉子的間距會增加，使得整株植物顯得稀疏。等到土壤完全乾燥時，可以澆滿水，讓土壤吸飽水分。

生長策略

每天若有一、兩個小時的陽光直射，其他時間有 400-800 呎燭的間接光線，愛之蔓會長得很好，葉片上的斑紋也將更為明顯。澆水前應先為土壤通氣，戳孔時要小心避開厚厚的塊莖。土壤一旦完全乾燥，就要充分浸溼。如果愛之蔓有明顯的生長跡象，你可以按照施肥指示施加均衡肥料。

觀賞壽命

你可以不斷繁殖愛之蔓，然後分享給朋友，也可以小心維護愛之蔓的藤蔓，讓它們一直變長下去。愛之蔓長得長或短，都各有千秋！

繁殖愛之蔓

第 1 日

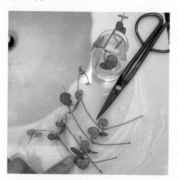

我從藤蔓的節點上方剪下這些插條，準備讓它們生根，後來確實成功了。不過更簡單的方法是從節點下方剪下插條，除去會沒入水中的葉子。請記住，這個方法適用於幾乎所有藤本植物，包括黃金葛、蔓綠絨、龜背芋和常春藤等等。不要怕失敗，大膽試試看吧！

將插條插入水中，確保容器所在位置無陽光直射。等到每根插條都生出白色的根部組織，就能移植了，這個過程大概不超過四個星期。生了根的插條也可以繼續泡在水裡，你可以拖延……呃不是，你可以等有時間再進行移植。

拿出家裡尺寸最小、帶有排水孔的塑膠育苗盆，填入排水性良好的輕質土──我用的是泥炭苔和珍珠岩。在花盆裡填滿盆栽土後，輕輕壓實土壤，讓插條得以直立固定生根。我習慣把莖分成幾束，用筷子（或播種用的挖洞器）隔著均勻的距離戳孔栽入插條。插條當初泡水夠久，生的根夠長，栽入土壤後應該能扎根。

種到土裡 2 個月後

這株愛之蔓在朝東的窗戶旁邊享受明亮的間接光線。我在一天中最亮的時候測量到 300 呎燭。澆水方面，愛之蔓是「可以等土壤變乾再澆水」的那種植物。

為什麼不將所有插條全部綑成一把插入土裡呢？因為會太擁擠。那麼能不能一根一根栽種呢？恐怕沒人有那麼多時間。將插條移植完畢後，要為土壤徹底澆水，但水勢不能太強，所以事前有必要投資加裝在澆水壺上的灑水器。

種到土裡 3 個月後

到這個時候，如果想讓盆栽更茂
密一點，可以重複繁殖插條。但
我喜歡愛之蔓的地方就在
於它懸垂的藤蔓，而我這
盆的藤蔓垂得很漂亮！

美鐵芋

美鐵芋是低光照多肉植物，對於光照量多寡和土壤緊實度的耐受範圍很廣。看著它的葉子從「萌芽」到發育成熟，這個過程相當神奇。基本上，美鐵芋生長緩慢——每年只長出兩到三個芽。如果想要入手美鐵芋，建議挑選有幾根莖還沒完全展開的孤植，這樣你接下來幾個月就能享受觀賞植物生長的樂趣。

生存策略

美鐵芋也是「可在低光照下生長」的熱門植物品種。只不過，光照量若不到 50 呎燭，美鐵芋可能會變成一座沒有動靜的綠色雕像。美鐵芋底部的球莖可以儲存

對頁圖：照片中是同一根莖三個月來的生長進度，而植物所在處光線明亮：白天最亮的時候平均 400 呎燭，甚至有一小時左右，陽光能從建築物之間直射進來。

上圖： 美鐵芋的莖不會分枝，所以你不必為了刺激分枝而修剪。

右圖： 隨著美鐵芋的生長，你會看到一些發黃的莖，一旦它們完全變黃，應立即剪掉。

大量水分，所以土壤完全乾燥好幾個月也沒關係。但在土壤乾燥後幾週之內，細莖的葉子會變黃，屆時要準備剪掉這些莖。如果偶而有為土壤通氣，變黃的莖會少一些。不過低於 50 呎燭的光照量下，鬆土必須比澆水更頻繁。澆水時若澆到土壤溼度飽和，最好將美鐵芋移到窗邊幾天，讓植物消耗掉水分。也許你看著窗戶透進來的光會幡然醒悟，決定將植物留在窗邊，讓它真正成長苗壯！

生長策略

美鐵芋在 100-1000 呎燭之間的光照量下可獲得良好生長。光照越強，土壤越快乾透，土壤一乾透就能澆水了。美鐵芋能忍受硬實的土壤，所以可以澆兩次水再鬆一次土。戳孔時要小心避開靠近莖的地方，以免刺穿土壤底下肥厚的塊莖。要是看到新生出來好幾根莖，這時可以施肥幫助它們生長。

觀賞壽命

在光線較暗的地方，美鐵芋像一座綠色雕像，幾乎不生長，也不太會腐爛。光線再亮一點，美鐵芋會生出新的莖，而老莖將翻倒，有些可能發黃或轉為棕色，你可以直接剪掉這些枯黃的莖。健康的塊莖會不斷生出新芽。每隔幾年換一次土，有助於植株持續健康生長。

照顧美鐵芋的觀察所得

第 1 日

我選了這一株美鐵芋，是因為它有兩根新莖，接下來幾個月可以欣賞它們生長。在盆栽裡裝一些石頭還蠻好看的，不過後來換盆我就沒再放石頭了。

2 個月

植物的根從花盆排水孔裡冒出來，這是需要檢查花盆內根部狀況的第一個跡象……

……植物根部盤繞塞滿整個盆底，盆底沒有土壤了——這是必須換盆的明確信號！

6 個月

我看到分類廣告上有賣兩株「成熟的」美鐵芋，因為很想增加我收藏的美鐵芋就買了。帶回家後仔細一看，盆栽土似乎是戶外表土，密度和保水性對於美鐵芋來說太高了。我把植物從花盆裡取出，讓莖露出來，發現植物根本沒有生根！

我打算把它們泡水，放在我家浴室角落的天窗底下，看看能不能生根。

10個月

成功了！在水中生根四個月後，大部分的莖開始長出自己的根莖。此時可以進行移植。我把它們和我原有的美鐵芋植株一起移植到一個更大的新花盆中。

1年4個月

這一盆新合併的美鐵芋看起來很不錯——在我家浴室 100-200 呎燭的光照量下長出了新芽。在這樣的光照量下，大概每個月澆一次水就夠了，說實在的我也沒認真記時間。

2年4個月

許多老莖垂倒下來，所以我把它們架在竹椿上。現在差不多又該換盆了。

致謝

非常感謝讓我進門拍攝家裡植物、並與我討論植栽心得的所有朋友：

Jeannie Phan
  @studioplants
Jesse Gold
  @teenytinyterra
Summer Rayne Oakes
  @homesteadbrooklyn
Justine Jeannin
  @sweetyoxalis,
  @whattheflower_paris
Jacqueline Zhou
  @houseplantgal
Melissa Lo
  @melissamlo
Nikhil Tumne
Joseph R. Goldfarb & Alisa G.
  Davis
  @joe.t.o, @whut.club
Claire Kurtin
  @cla1revoyant
Jacqueline Chan
Nancy & Edwin Chan
Carina Chan
Elspeth & Blake Gibson
Violet Sae & Eric Fahn
Susan & Wing Kee
Ashley & Andrew Cheng
Angela & Eric Lee
Orissa Leung

Yoyo Yick

特別感謝以下接待我入內拍攝室內空間的企業和組織：

Accedo (Toronto office)
  @accedotv
Dynasty
  @dynastytoronto
Northside Espresso + Kitchen
  @northsideespresso
St. Christopher's Anglican
  Church
  @stchrisanglicanchurch
The Sill
  @thesill
Valleyview Gardens
  @valleyviewgardens

雖然我自己買了不少植物，但有些賣家也送了我一些。感謝這些賣家送的植物為本書增色：

Valleyview Gardens
  @valleyviewgardens
Dynasty Toronto
  @dynastytoronto
Crown Flora Studio
  @crownflora
Urban Gardener TO
  @urbangardenerto
Sheridan Nurseries
  @sheridannurseries
Costa Farms
  @costafarms
Filtrum Miami
  @filtrum.miami
The Sill
  @thesill

隨著室內植物愛好者日益增加，設計精美、創新且好用的相關產品市場也有所增長。感謝這些可愛的產品：

Haws Watering Cans
  @hawswateringcans
Things by HC, Hilton Carter
  @hiltoncarter
The Sill
  @thesill
Homebody Collective
  @homebody.collective
Modernica
  @modernica
Concept Modern
  @eames_addicted

Forage & Lace
  @forageandlace
Beautifully Tarnished
  @beautifully_tarnished
Gardener's Supply Company
  @gardeners
Lee Valley
  @leevalleytools
HPJ Watering Can & Soil Aerator
  @houseplantjournal

特別感謝：

Soumeya B. Roberts：
感謝你率先聯絡我，讓我知道自己有當作家的潛能。非常感激你在我的寫作過程一路上的指導，使我獲益匪淺！

Eric Himmel：
感謝你出色的編輯能力，你的持續鼓勵，幫助我度過了寫作過程中的所有起起落落。感謝你以及亞伯蘭斯出版社團隊 —— Shawna Mullen、Lisa Silverman、Danielle Youngsmith 和 Katie Gaffney ——給予的一切幫助！

Jeannie Phan：
很榮幸能與同為室內植物網誌作者的你一起創作本書。你這些出色的插圖，讓本書的概念變得生動易懂。

Sebit Min：
感謝你完美地將文字和圖像結合在一起。太厲害了！

Larry Varlese 及 Valleyview Gardens 團隊：從我開始撰寫室內植物日誌以來，一直承蒙你們的協助。感謝帶我參觀貴店的溫室，並提供許多植物。

Eliza Blank 及 The Sill 團隊：
我們在貴店度過了美好的時光，很感謝有機會能加入貴團隊幾天。要不是多年前你們的推薦，我的 Instagram 帳號肯定還是默默無名。

Ricardo Sabino：
感謝你與我一起開發測光表應用程式。我知道很多人因為你的貢獻得以與自家植物有更深刻的交流。

Violet Sae（我母親）和 Eric Fahn：
我的 @houseplantjournal 能夠開始，要多謝你們的房子。感謝你們的愛與支持，並包容我把家裡弄得跟叢林一樣。媽媽，謝謝妳總是認真聆聽我對於寫這本書的想法，並教導我有關戶外園藝的知識。

Jacqueline Chan：
這本書的內容妳聽我講過好幾次了，感謝妳始終陪伴在我身邊——沒有妳的愛與鼓勵，我不可能完成這本書。非常愛妳，親愛的！

——鄭德浩

植物名索引

室內觀葉植物栽培日誌

IG 園藝之王的綠植新手指南

作者————鄭德浩（Darryl Cheng）
譯者————張喬喻
總監暨總編輯——林馨琴
資深主編————林慈敏
行銷企劃————陳盈潔
美術設計————王瓊瑤

發行人————王榮文
出版發行————遠流出版事業股份有限公司
地址————台北市中山北路一段 11 號 13 樓
電話————02-2571-0297
傳真————02-2571-0197
郵撥————0189456-1
著作權顧問——蕭雄淋律師

2022 年 6 月 1 日 初版一刷
2023 年 3 月 16 日 初版二刷
定價————新台幣 600 元
（缺頁或破損的書，請寄回更換）
有著作權·侵害必究 Printed in Taiwan
ISBN————978-957-32-9578-5

國家圖書館出版品預行編目 (CIP) 資料

室內觀葉植物栽培日誌：IG 園藝之王的綠植新手
指南 / 達瑞爾．鄭 (Darryl Cheng) 著；張喬喻譯．
-- 初版．-- 臺北市：遠流出版事業股份有限公司，
2022.06
200 面；17 × 23 公分
譯自：The new plant parent : develop your green
thumb and care for your house-plant family
ISBN 978-957-32-9578-5(平裝)

1.CST: 園藝學 2.CST: 栽培 3.CST: 觀葉植物

435.11   111006617

YL 遠流博識網
http://www.ylib.com
E-mail: ylib@ylib.com
遠流粉絲團
https://www.facebook.com/ylibfans